きちんと知りたい

自動車エンジンの基礎知識

飯嶋洋治 [著]
Iijima Yoji

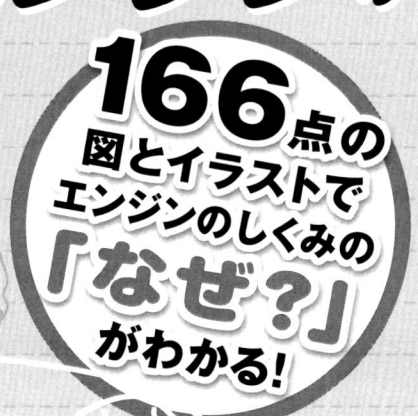

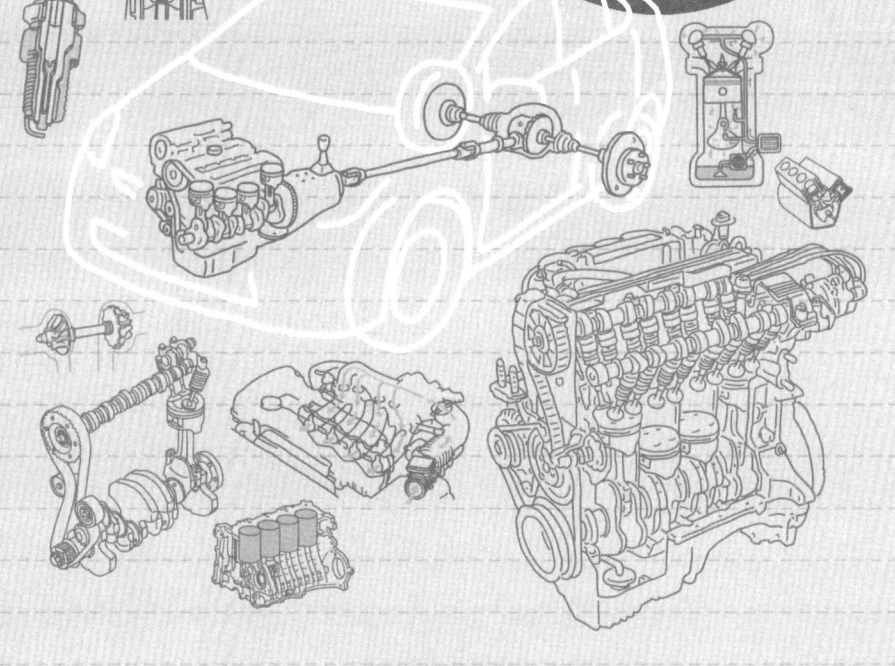

166点の図とイラストでエンジンのしくみの「なぜ？」がわかる！

日刊工業新聞社

はじめに

　自動車のエンジンというのは、特に一定の世代にとっては憧れの対象であったように思います。DOHC、ターボはもちろん、キャブレターの時代を知っている人ならば、ソレックス、ウェーバーなどの単語を見たり聞いたりしただけでワクワクした経験があるのではないでしょうか？　いわゆる「スーパーカーブーム世代」ではV型12気筒、時速300kmオーバーというのはひとつのキーワードだったように思います。

　私的なことですが、実家が自動車修理工場を営んでいたということもあり、私は同世代の人間に比べると比較的幼い頃から、自動車に興味を持ったように思います。工場にあるクルマのエンジンルームを覗いては、日産スカイラインのL20の直列6気筒エンジンやトヨタセリカのDOHC、2T-Gエンジンなどを見て、心をときめかせていたことを思い出します。

◎エンジンはパワーがあれば良い時代から環境を考えたものに変容した

　一方で1970年代からはじまる排気ガス規制によって、それまでパワーを競争していたエンジンが環境に配慮するようになり、パワーがなくなったなどと当時の大人が嘆くのを聞き、子ども心に寂しい気持ちがしたことを覚えています。

　私が免許証を取得する頃になると、すでにキャブレターは姿を消しつつあり、インジェクションの時代に入っていました。とはいっても、若葉マークで乗っていたクルマにはソレックスのツインキャブが装着されており、エンジン始動時に「かぶらない」ように緊張を強いられたものです。ある意味牧歌的な時代とも言えるでしょう。また、後に乗ったインジェクション車はあまりにも気を使うことがなさすぎて、物足りなさも感じたものです。

　時代が下って1990年代に入ると、それまでのCO（一酸化炭素）、HC（炭化水素）、NO_X（窒素炭化物）の問題だけではなく、CO_2（二酸化炭素）の排出量が問題となってきました。気候変動枠組条約第3回締約国会議（COP3、京都会議）で京都議定書が採択されるなど、地球温暖化への対策が喫緊の課題となるにつれて、自動車メーカーが燃費の向上に技術力を集結させるようになり

ます。
　リーンバーンエンジン、筒内直噴の成層燃焼などが脚光を浴び、トヨタとホンダがエンジンとモーターのハイブリッドエンジンを市場に投入してくるようになるなど、エンジンへの興味はマニアの趣味的なものから、地球環境全体を見据えた社会的なものへと変容していったように思います。それは時代の要請に応じた必然的なものだったとも言えるでしょう。

◎難しそうなエンジンも基本の部分は普遍
　本書では、専門知識がないと理解しづらいと思われがちなエンジンについて、なるべく平易に解説することを試みました。特に近年のエンジンはいろいろな新しい専門用語を用いて解説されることが多く、とっつきにくいイメージがありますが、基本は昔のエンジンと何ら変わることはありません。
　ハイブリッド、ダウンサイジングエンジンなども、その理屈から考えれば、それほど難解なものではないとご理解いただけるのではないかと思います。
　基本からエンジンを知ることにより、最新の技術にも興味を持っていただき、「クルマって面白い」「エンジンって面白い」と思ってくれる方が一人でも増えることを著者として願ってやみません。

　　　　　　　　　　　　　　　　　　　2015年10月吉日　　飯嶋 洋治

きちんと知りたい！自動車エンジンの基礎知識
CONTENTS

はじめに 001

第1章
エンジンとクルマの関係

1. エンジンに関わる基礎知識

1-1	エンジンを含めたクルマの全体像	012
1-2	エンジンの動作原理と役割	014
1-3	エンジンの搭載位置と駆動方式	016
1-4	トルクと出力（馬力）の違い	018

COLUMN 1　スポーツカーはMRが定番なのに、なぜポルシェはRR？　020

第2章
動力を生み出すエンジンの中心部

1. 4サイクルエンジンの種類と動き

1-1	乗用車用エンジンの種類	022
1-2	4サイクルエンジンの動作	024

1-3	レシプロエンジンの種類	026
1-4	直列エンジン、V型エンジンの特徴	028
1-5	多気筒エンジンのメリット・デメリット	030

2. エンジンの基本的な構造

2-1	4サイクルエンジンを構成するパーツ	032
2-2	シリンダーヘッドの構造	034
2-3	シリンダーブロックの構造	036
2-4	燃焼室の構造	038
2-5	圧縮比とノッキングの問題	040
2-6	エンジンの大きさを決めるもの	042
2-7	ロングストロークとショートストローク	044

3. ピストンとそれをパワーに変える周辺パーツ

3-1	ピストン運動(上下運動)から回転運動へ	046
3-2	ピストンの工夫	048
3-3	オフセットピストンの効果	050
3-4	ピストンリングの必要性	052
3-5	フライホイールとバランスウェイトの役割	054

COLUMN 2	進化した燃料噴射装置でディーゼルとガソリンを近づける?	
		056

第3章
性能に直結するエンジンの心臓部

1. 吸排気バルブの役割

1-1 吸排気バルブのしくみ ………………………………… 058
1-2 バルブスプリングの工夫 ………………………………… 060
1-3 2バルブと4バルブの違い ……………………………… 062
1-4 カムの形状とカムリフト量 ……………………………… 064

2. 吸排気バルブの駆動方式

2-1 カムシャフトが回転する理由 …………………………… 066
2-2 バルブ駆動方式の種類（その1） ……………………… 068
2-3 バルブ駆動方式の種類（その2） ……………………… 070

3. 吸排気バルブの動きとエンジン性能

3-1 バルブタイミングの重要性 ……………………………… 072
3-2 可変動弁システムの進化（その1） …………………… 074
3-3 可変動弁システムの進化（その2） …………………… 076
3-4 ポンピングロスの影響 …………………………………… 078

COLUMN 3　わかるようでわからない？
　　　　　　DOHCエンジンとOHCエンジンの差 ………… 080

第4章
エンジンを呼吸させる吸排気システム

1. エンジンの呼吸を受け持つ吸排気システム

- 1-1　空気をエンジンに取り入れるしくみ　082
- 1-2　インテークマニホールドの工夫　084
- 1-3　可変吸気システムの効果　086
- 1-4　アクセルを踏むとエンジン回転が上がる理由　088
- 1-5　電子制御スロットルの効果　090
- 1-6　排気の経路（排気バルブからマフラーへの流れ）　092
- 1-7　排気ガスによる大気汚染を防ぐための工夫　094

2. 肺活量を飛躍的に大きくできるターボチャージャー

- 2-1　ターボでパワーが出る理由　096
- 2-2　インタークーラーの効用　098

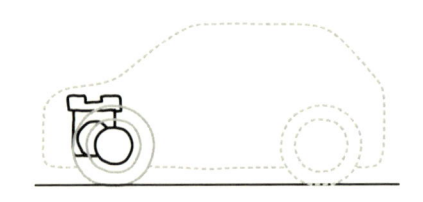

COLUMN 4　意外と手軽にできる？　吸排気効率のアップ　100

第5章
動力の元となる燃料に関連するシステム

1. エンジンへの燃料供給システム

| 1-1 | 燃料供給装置の役割としくみ | 102 |
| 1-2 | 混合気と理論空燃比 | 104 |

2. シリンダー内への燃料噴射

2-1	キャブレターの役割としくみ	106
2-2	燃料噴射装置（インジェクション）の役割	108
2-3	電子制御式インジェクションの制御	110
2-4	燃料を噴射するインジェクターのしくみ	112
2-5	運転状況に応じた燃料噴射量	114

COLUMN 5　"キャブレターからインジェクション"が若者のクルマ離れの元凶?
116

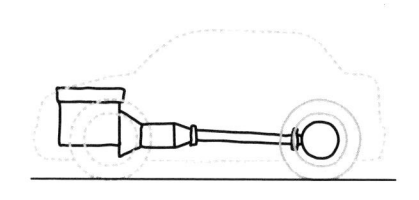

第6章
エンジンの生命線・電気システムと点火システム

1. 燃焼のきっかけをつくる電装系

1-1 電気システムの役割 118
1-2 始動装置の役割 120
1-3 発電と充電のしくみ 122

2. 良い火花をタイミングよく点火するシステム

2-1 点火システムの流れ 124
2-2 点火に必要な電圧（自己誘導作用と相互誘導作用） 126
2-3 点火のしくみ（ポイント式とフルトラ式） 128
2-4 ダイレクトイグニッション 130
2-5 スパークプラグの構造 132
2-6 点火時期と進角 134

COLUMN 6　プラグ端子がなくなった! 意外と高くつく
　　　　　　スパークプラグのトラブル 136

第7章
エンジンパワーの損失を防ぐための潤滑系・冷却系

1. エンジンを守る潤滑システム

- **1-1** エンジンオイルの必要性 ………… 138
- **1-2** エンジンオイルの供給 ………… 140
- **1-3** エンジンオイルの分類 ………… 142

2. エンジンを適正な温度に保つ冷却システム

- **2-1** ラジエターと電動ファンの必要性 ………… 144
- **2-2** エンジンを冷却するしくみ ………… 146
- **2-3** オーバーヒートの原因と対処法 ………… 148

COLUMN 7　場合によって対処法が異なるオーバーヒート ………… 150

第8章
燃費の向上と小型軽量化（ダウンサイジング）

1. 環境に配慮したガソリンエンジンの工夫

- **1-1** リーンバーンエンジン ………… 152

1-2	オットーサイクルとミラーサイクル（アトキンソンサイクル）	154
1-3	筒内直接噴射方式	156
1-4	アイドリングストップ	158
1-5	小型軽量化することのメリット	160
1-6	エンジンに必要な要素	162

COLUMN 8　大きさというステイタスからの脱却
　　　　　　ダウンサイジングという現在の潮流 … 164

第9章
ガソリン以外のエンジンと新世代の動力源

1. ガソリンエンジンだけではない、エンジンの新トレンド

1-1	ディーゼルエンジンの特徴	166
1-2	進化したディーゼルエンジン	168
1-3	ディーゼルターボのメリット	170
1-4	ハイブリッドエンジン	172
1-5	EV（電気自動車：充電式、燃料電池式）	174

COLUMN 9　水素を燃料とするFCVは究極のエコカー？ … 176

索　　引 … 177
参考文献 … 183

第1章
エンジンとクルマの関係

Relations of the engine and the car

1. エンジンに関わる基礎知識

1-1 エンジンを含めたクルマの全体像

「自動車」の中でエンジンの存在が重要なことはわかりますが、それ以外にも大切な要素があるように見えます。自動車を構成するさまざまな機構を含めた全体像はどうなっているのですか？

本書はエンジンの基礎知識について解説していきますが、まずは自動車（クルマ）を構成する3つの要素についてざっと説明しておきます。それはクルマの機能として欠かせない「走る」「曲がる」「止まる」の3つです。

■「走る」「曲がる」「止まる」がクルマの三要素

「走る」の部分では**エンジンが主役ですが、それを支えるドライブトレーン**が必要とされます。これには、エンジン出力をギヤの組合せでコントロールする「**トランスミッション**」、エンジン出力を伝達する「**プロペラシャフト**」、「**ドライブシャフト**」、そして最終的にタイヤに伝わる回転力をコントロールする「**ディファレンシャル**」などがあります（図①）。

「曲がる」の部分では、**サスペンションとステアリング機構**が重要な役割を果たします。サスペンションは、サスペンションアームやストラットなどからなっていて、走行中の姿勢を安定させることや乗り心地のカギを握っています。ステアリング機構は、ステアリングギヤやタイロッドなどから構成されています（図②）。

いくらエンジンの性能が良くても、この部分が良くなければ、まともに走るクルマとはなりません。高性能なサスペンションは乗り心地だけではなく、安全性や高速移動にとっても要となります。ドライバーの意思に忠実にクルマを進行させることがクルマの基本条件です。

■走るだけではなくしっかりと「止まる」ことも欠かせない

「止まる」は**ブレーキ機構**が担っています。特に「安全に走る」ということを考えた場合には、エンジンとドライブトレーンの性能以上に大事な部分でもあります。これは、マスターシリンダー、マスターバック（ブレーキブースター）、ブレーキキャリパー、ブレーキディスクなどのシステムからなっています（図②）。急ブレーキの際のブレーキロックを防止する**ABS**（アンチロック・ブレーキ・システム）も欠かせない装置です。

現代のクルマはコンピューター制御が進んでいるため、「走る」「曲がる」「止まる」が協調制御され、すべてのパーツが連動して性能の向上が図られるようになっています。

第1章 エンジンとクルマの関係

クルマの全体像

「走る」「曲がる」「止まる」の3つの要素がそろってはじめて「自動車」となる。エンジンは動力として「走る」ための要となるが、ドライブトレーン、サスペンション、ステアリング機構、ブレーキ機構が備わっていてこそ「曲がる」「止まる」が可能になる。

①エンジン＋ドライブトレーン

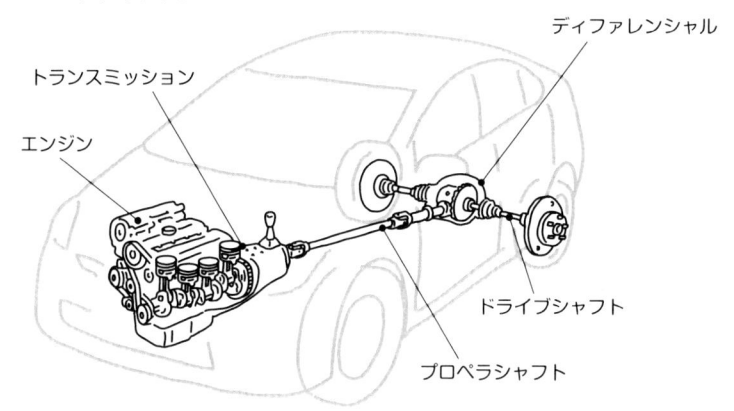

- ディファレンシャル
- トランスミッション
- エンジン
- ドライブシャフト
- プロペラシャフト

②シャシー

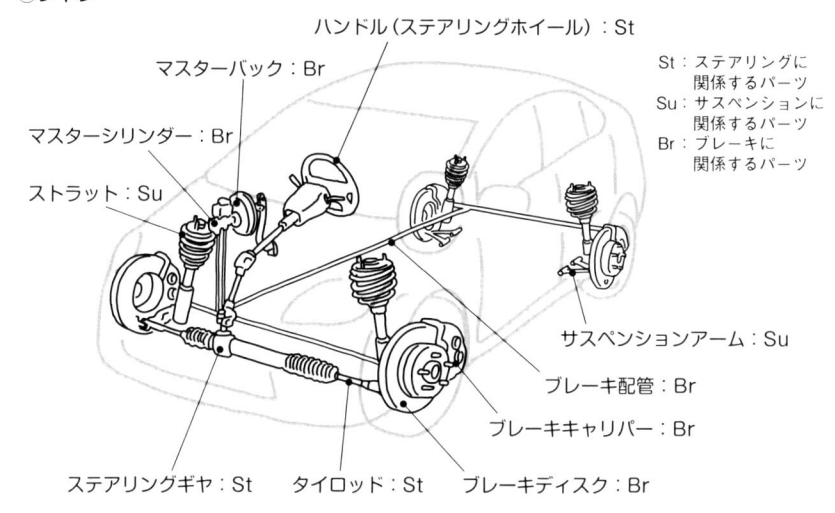

- ハンドル（ステアリングホイール）：St
- マスターバック：Br
- マスターシリンダー：Br
- ストラット：Su
- サスペンションアーム：Su
- ブレーキ配管：Br
- ブレーキキャリパー：Br
- ステアリングギヤ：St
- タイロッド：St
- ブレーキディスク：Br

St：ステアリングに関係するパーツ
Su：サスペンションに関係するパーツ
Br：ブレーキに関係するパーツ

※イラストは、各パーツの位置関係を大まかに示しています

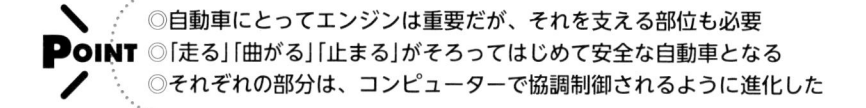

POINT
- ◎自動車にとってエンジンは重要だが、それを支える部位も必要
- ◎「走る」「曲がる」「止まる」がそろってはじめて安全な自動車となる
- ◎それぞれの部分は、コンピューターで協調制御されるように進化した

1-2 エンジンの動作原理と役割

エンジンはクルマが走るために不可欠であり、アクセルを踏むと作動することは知っていますが、どのような原理で動いているのですか？ また、クルマの動力源となる以外にどのような役割があるのでしょうか？

　エンジンは、"クルマが走るための動力を生み出す機械"です。その作動行程を簡単に説明すると、**アクセル**を踏み込むことでエンジン外部から空気を取り入れ、燃料である**ガソリン**と**空気**を燃えやすい割合に混合します。これを**混合気**と言います。
　混合気が**スパークプラグ**から供給される火花で燃焼すると「**燃焼圧力**」が発生し、エンジン内部の**ピストン**が押し下げられます（24頁参照）。ピストン運動は**クランクシャフト**により回転運動に変換されて駆動輪に伝わります（46頁参照）。こうして、クルマを走らせるための元になる力を生み出しています（上図）。

▌走るだけでなく止まるためにもエンジンは使われる

　エンジンは走るためだけではなく、**止まる**ためにも使われます。走行中にアクセルを戻すと、エンジンの出力は落ちタイヤを回す力は低下します。アクセルを全閉にすると、それまでエンジンがタイヤを回していたのが、今度はタイヤが回ろうとすることの抵抗としてエンジンを利用することになります（**エンジンブレーキ**）。
　これはエンジン内部の機械的な抵抗、摩擦やシリンダー内のピストンが動く際の**ポンピングロス**（吸排気損失：78頁参照）によるものです。
　さらにフットブレーキの補助の役割も担っています。フットブレーキは基本的にブレーキペダルを踏んだときに発生する油圧（液圧）によって作動しますが、重いクルマの場合、それだけでは十分な「効き」が得られません。
　特に高速走行中の急ブレーキなどでは制動力が不足します。そこでマスターバック（13頁図②参照）という装置を用い、アクセルを踏んだときにエンジンに入ってくる空気によって負圧をつくっておき、ブレーキを踏んだ瞬間に空気が流れ込む力も利用してブレーキが十分に効くようにしています。

▌エンジンは発電もしている

　クルマに必要な電力をつくるのもエンジンの役割です。エンジン回転を利用して**オルタネーター**（交流発電機：122頁参照）を稼働させて発電し、ライト類、ワイパー、エアコン、カーステレオ、カーナビなどの電力を担っています。
　このようにエンジンの役割は、走るためだけでなく、止まることやクルマの快適性にも大きく関わっているのです（下図）。

第1章 エンジンとクルマの関係

✿ エンジン動作の原理

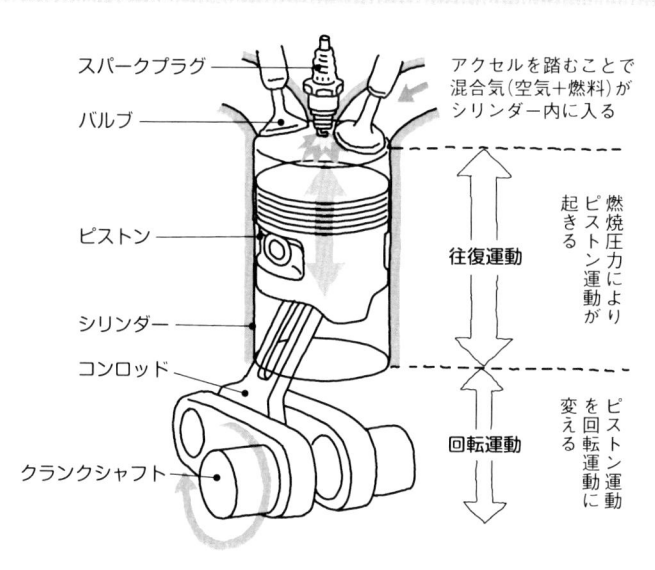

- スパークプラグ
- バルブ
- ピストン
- シリンダー
- コンロッド
- クランクシャフト

アクセルを踏むことで混合気(空気＋燃料)がシリンダー内に入る

往復運動：燃焼圧力によりピストン運動が起きる

回転運動：ピストン運動を回転運動に変える

✿ エンジンの役割

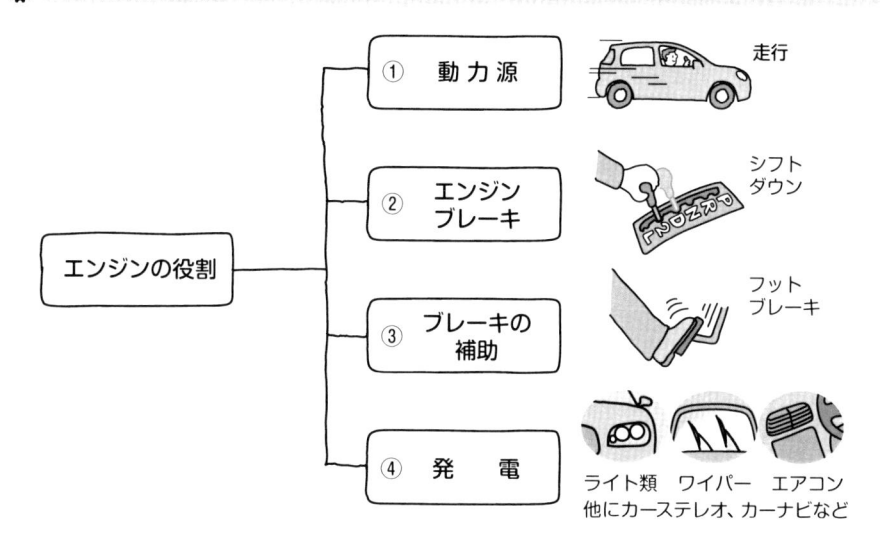

エンジンの役割
- ① 動力源 — 走行
- ② エンジンブレーキ — シフトダウン
- ③ ブレーキの補助 — フットブレーキ
- ④ 発電 — ライト類、ワイパー、エアコン 他にカーステレオ、カーナビなど

POINT
- ◎エンジンは、クルマが走るための動力を生み出す
- ◎エンジンは、「走る」だけでなく「止まる」ためにも利用されている
- ◎エンジンは、クルマに必要な電力をつくり出している

015

1-3 エンジンの搭載位置と駆動方式

現在、乗用車はフロントにエンジンを搭載して前輪を駆動するFFが主流ですが、車種によってはリヤ駆動のFRやMR、さらにはRRと呼ばれる方式もあるようです。これらはどのようなもので、どんな特徴があるのですか？

かつては**FR**という**駆動方式**が主流でした。これはフロント（F）エンジン・リヤ（R）ドライブ（駆動）という意味です。フロントにエンジンを置いて**プロペラシャフト**でディファレンシャルまでつなぎ、リヤタイヤを駆動させるものです（図①）。

これは、シンプルでメーカーにとってつくりやすい方式だったこともあり一般に普及しましたが、前から後ろまで縦断するプロペラシャフトがあるということは、スペース効率的に良いものではありませんでした。

■スペース効率やコスト面から、現在はFFが主流となっている

FFは、エンジンがフロント（F）でフロント（F）タイヤを回転させます。これはプロペラシャフトがなくスペース効率にすぐれますが、前輪が駆動しながら舵も切らなければならないということで、技術的に難しい面がありました（図②）。

現在では、**等速ジョイント**※という技術が発達したために問題が解決し、量産効果で製造コストも下がり主流となっています。また、FR、FFをベースとした**4WD**車も存在しますが（図⑤）、これはFRとFFの要素を組合せることで成り立っているといえるでしょう。

MRはミッド（M：中央）にエンジンを置き、リヤ（R）タイヤを駆動します。エンジンがボディの中央にあるためバランスが良く、回頭性（ステアリングを切ったときのクルマの向きの変えやすさ）やコーナリング性能にすぐれる面があります。ただし、エンジンが運転席の後ろで、基本的には2人乗りとなります（図③）。

このほかに、**RR**というリヤ（R）にエンジンを搭載し、リヤ（R）で駆動する方式があります（図④）。発進加速の際はリヤに荷重がかかるため、リヤ駆動にすると路面をとらえやすい面はありますが、逆にフロントが軽くなるとコーナリングのバランスが難しく、こだわりのあるマニアのための形式というのが実情でしょう。

■エンジンの搭載方向には横置きと縦置きがある

エンジンの搭載方法には**横置き**と**縦置き**があります（図Ⓐ、Ⓑ）。エンジンの回転方向から基本的にはFFは横置き、FRは縦置きが多くなります。MRの場合には縦置き、横置き両方が存在しています。居住空間を考えると、縦方向の長さが抑えられる横置きのほうがメリットがあるといえます。

※ 等速ジョイント：入力軸と出力軸の角度がどのようであっても、つねに両方の軸が等速で回転し、スムーズなトルクの伝達ができるジョイント(継手)

第1章 エンジンとクルマの関係

⚙ エンジンの搭載位置と駆動方式

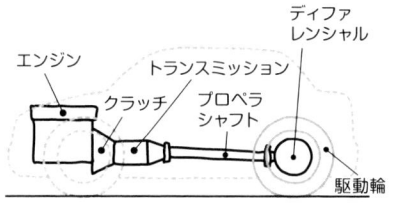

①FR（フロントエンジン・リヤドライブ）

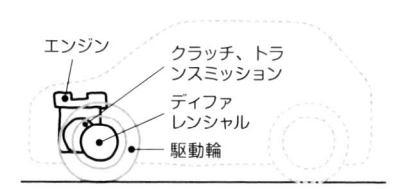

②FF（フロントエンジン・フロントドライブ）

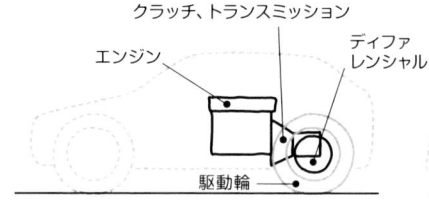

③MR（ミッドシップエンジン・リヤドライブ）

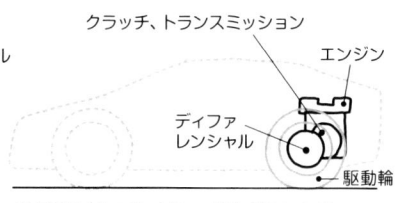

④RR（リヤエンジン・リヤドライブ）

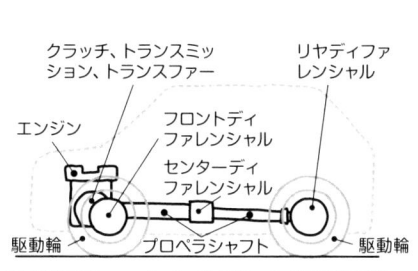

⑤4WD（フォーホイールドライブ/4輪駆動）
※FFベースの場合

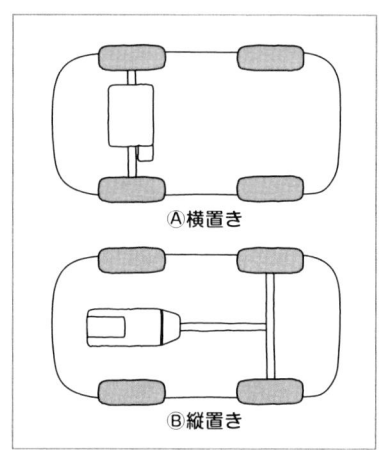

Ⓐ横置き

Ⓑ縦置き

POINT
◎クルマの駆動方式にはFF、FR、MR、RRがある
◎かつてはFRが多かったが、現在はスペース効率のいいFFが主流となっている
◎エンジンの搭載方向には横置きと縦置きがある

017

1-4 トルクと出力（馬力）の違い

エンジンの性能を表す数値にトルクと出力（馬力）があります。カタログや雑誌を見ていると必ず出てくる用語ですが、難しくていまひとつ理解できません。トルクと出力は何を表し、どんな違いがあるのですか？

　自動車の出力表示には**トルク**と**出力（馬力）**があり、両方ともエンジンの性能を表しています。トルクはエンジンが回転する力で、「**仕事**」を表しています。具体的には75kgのものを1m持ち上げると75kg・mとなります。これは1kgのものを75m持ち上げても同じです（上図①）。

▌トルクは仕事を表していて、時間はどれだけかかっても同じ

　もう少し具体的にいえば、回転体の中心軸から半径1メートルのところを75kgの力で引いたときに、中心軸には75kg・mのトルクがかかったということになります（上図②）。

　じつはトルクには時間の概念が入っていません。回転する力がかかればいいのであれば、エンジンパワーを上げなくても「テコの原理」で大きくすることができます。自転車で1段軽いギヤを使えば急な坂道を登れるのと同じです。その代わりスピードが出なくなります。そのまま同じギヤで登ろうとすれば、出力（馬力）自体を上げる必要が出てきます。

▌出力（馬力）はエンジン本体の性能で決まる

　その出力（馬力）ですが、これは**仕事率**を表します。75kg・mの仕事を1秒間で行なうと1PSになります。トルクのほうは時間の概念はなく、1秒間で行なっても1分間で行なっても75kg・mで仕事としては同じですが、出力（馬力）はどれだけの時間でその仕事をしたかが問われます。

　ちなみにトルクの説明で75kgという**重さ**を使用したのは、1PSが75kg・m/s（秒）を表すからです。75という数字は「馬1頭分のパワーはそのくらい」ということで決められています。

　トルクと出力（馬力）の関係は、トルクに回転数とある係数を掛けたものとなります（出力（馬力）＝トルク×回転数×係数）。つまり出力を高めるには、トルクを大きくするか回転数を高めるということになります（下図）。

　単位は、現在はトルクが**N・m**（ニュートンメートル）、出力（馬力）が**kW**（キロワット）で表されることが多くなっています（SI単位系）。これに**kg・m**（トルク）と**PS**（出力（馬力））が併記されていることが多いでしょう。

018

第1章 エンジンとクルマの関係

🔩 トルクと仕事

加えた力と移動距離を掛けたものが仕事。先端に加える力と回転半径を掛けたものが軸トルク。単位はN・m（kg・m）。

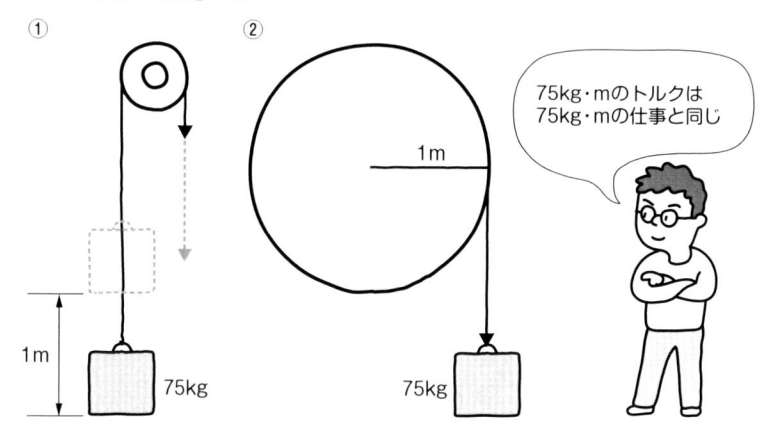

① ②

75kg・mのトルクは
75kg・mの仕事と同じ

1m　75kg　　1m　75kg

🔩 エンジン性能曲線の例

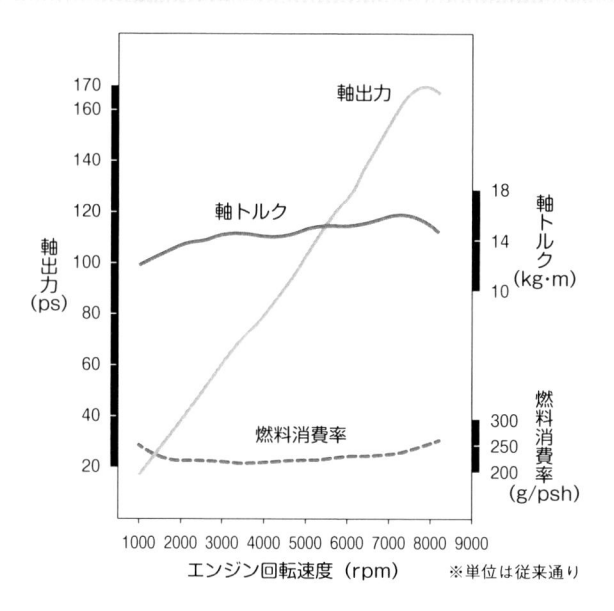

あるエンジンのトルクと出力（馬力）の相関関係。トルクはエンジン回転の影響がないため安定した数値を示している。対して出力はトルクに回転数を掛けたものなので、高回転になるほど大きくなっているのがわかる。

軸出力（ps）／軸トルク（kg・m）／燃料消費率（g/psh）
軸出力・軸トルク・燃料消費率
エンジン回転速度（rpm）　※単位は従来通り

POINT
◎トルクは回転する力で「仕事」を表す
◎出力は仕事率を表し、トルクに回転数（および係数）を掛けた数値となる
◎現在は、トルクをN・m、出力（馬力）をkWで表す（SI単位系）

019

COLUMN 1

スポーツカーはMRが定番なのに
なぜポルシェはRR？

　16頁で駆動方式について触れましたが、頑なにRRを守っているメーカーがあります。ドイツのポルシェは1940年代末にRRのスポーツカー356を発売して以来、RRを売りものにしてきました。もっとも、このクルマのプロトタイプ（試作段階のもの）はスポーツカーの定番ともいえるMRでした。実用性を考え、乗車スペースの広くなるRRとしたというのが本当のところのようです。

　RRは、エンジンの直前にタイヤがあります。パワーがあるクルマで急加速したときにはホイールスピンを起こしますが、リヤが重いためにそれが起こりづらく、ムダのない加速が可能になりました。

　一方で、フロントが軽いということは、ドライバーにテクニックを要求します。コーナリングの進入でハンドルがよく効くようにするには、フロントに荷重を移すことが必要です。通常はブレーキングを上手に行なえばフロント荷重になりますが、リヤが重い場合にはブレーキング時にフロント荷重になっていたとしても、ブレーキを離すとすぐにリヤに荷重が移ってしまいますから、タイミングが難しくなります。うまくコーナリングに持ち込めたとしても、今度は重いリヤの振り出しをコントロールすることが必要です。

　ポルシェは、こういう弱点があることを十分理解したうえでシャシーを改善していき、ファンの信頼を勝ち得てきました。ちなみにポルシェでも純レーシングカーなど純粋に性能だけを追求したバージョンには昔からMRを採用しています。一時期FRをつくっていましたが、ファンがそれを受け入れなかったことが覚悟を決めさせた面があるのではないか？　と個人的には思っています。「ポルシェ使い」という言葉があるように、速く走らせるためにはドライビングテクニックが必要という要素も、ファンのマニア心をくすぐるのでしょう。

　じつは日本にも2012年までRRに徹したクルマがありました。スバルサンバーです。デビューした1961年から一貫してその基本コンセプトを守ってきており、「農道のポルシェ」などという愛称で呼ばれ今でも人気があります。

第2章
動力を生み出すエンジンの中心部

Center of the engine
producing power

1. 4サイクルエンジンの種類と動き

1-1 乗用車用エンジンの種類

エンジンがクルマの動力だということはわかりますが、どのような種類があるのですか？　ガソリンや軽油といった違う燃料を入れなければならないエンジンがあるのは、しくみが違うからでしょうか？

　エンジンは使用する燃料によって、ガソリンエンジンとディーゼルエンジンに分けられます。どちらのエンジンとも動力発生の基本的な考え方は同じですが、構造には若干の違いが見られます。

　主に乗用車用として採用されているのは**ガソリンエンジン**です。ガソリンエンジンは**ガソリンと空気の混合気**を**シリンダー**内部に取り入れ、**スパークプラグ**の火花で燃焼のきっかけをつくります（上図①）。ガソリンエンジンは比較的軽くすることができ、出力も出しやすく、振動や騒音が少ないので、乗用車用に向いています。

▌ディーゼルエンジンは軽油が燃料でスパークプラグを持たない

　軽油を燃料としているのがディーゼルエンジンです。ガソリンエンジンが混合気をシリンダー内部に取り入れるのに対して、ディーゼルエンジンは空気を取り入れて圧縮し、**噴射ノズル**で軽油を噴射することによって着火させます（上図②）。

　ディーゼルエンジンはトラックなどの大型車をメインに使われてきました。ガソリンエンジンよりも燃焼効率が良く、燃費が良いのがその理由です。

　ディーゼルエンジンは、ガソリンエンジンに比べて丈夫につくられています。それは燃焼のために取り込んだ空気の温度を圧縮して上げる必要があり、燃焼したときの膨張力も大きくなるからです。また、各パーツも頑丈につくられるため重く、慣性が大きくなり、振動や騒音も大きくなる傾向にあります。それがデメリットと言えます。

▌レシプロエンジンのほかにはロータリーエンジンが実用化されている

　エンジン内部にある**ピストン**が燃焼によって上下に動かされるものをガソリン、ディーゼルに関わらず**レシプロエンジン**（レシプロケーションエンジン）と呼びます（下図①）。現在、ほとんどのクルマがレシプロエンジンですが、レシプロエンジンではないものに**ロータリーエンジン**があります（下図②）。開発者の名前を付けてバンケルエンジンともいいます。

　これは燃焼によってエンジン内部の**ローター**を回転させることによりパワーを得る構造になっています。部品が少なく軽量コンパクトで、スポーティなクルマに適したエンジンですが、燃費では不利になります。

第2章 動力を生み出すエンジンの中心部

ガソリンエンジンとディーゼルエンジン

混合気を圧縮し、スパークプラグで着火　　空気を圧縮して温度を上げ、燃料を噴射して着火

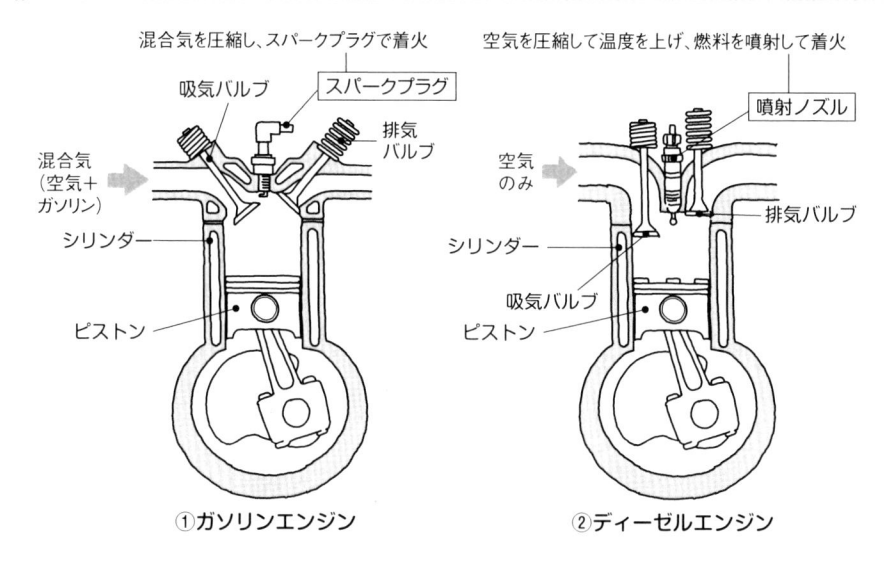

①ガソリンエンジン　　②ディーゼルエンジン

レシプロエンジンとロータリーエンジン

①レシプロエンジン　　②ロータリーエンジン

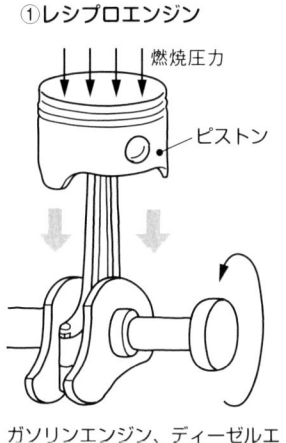

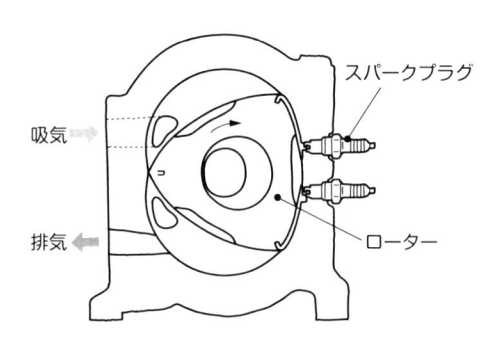

ガソリンエンジン、ディーゼルエンジンに関わらず、ピストンの燃焼圧力で上下に動くものをレシプロエンジンという

ロータリーエンジンは、ピストンの代わりにおむすび型のローターが燃焼圧力で回転する

POINT
◎乗用車用エンジンには、ガソリンエンジンとディーゼルエンジンがある
◎ピストンが往復することによって動くエンジンをレシプロエンジンという
◎レシプロエンジンのほかには、ロータリーエンジンがある

1-2 4サイクルエンジンの動作

レシプロエンジンはピストンの上下動によって力を生み出すということですが、具体的にはどのように動くのですか？　また、4サイクルエンジンの4サイクルとは何を意味するのでしょうか？

　4サイクルエンジンが動くためには一定の行程を経なければなりません。**ガソリンエンジン**の場合、それは①パワーを生み出す"燃焼"に必要な「燃料と空気によってつくり出される混合気」をエンジン内部に取り入れる「**吸入**」、②混合気をピストンで圧縮して燃焼のためのパワーを溜めこむ「**圧縮**」、③混合気に着火することでエンジンが動くためのパワーを生み出す「**燃焼**」、④燃焼の終わった後の**燃焼ガス**をエンジン外部に出す「**排気**」の4つになります。この「吸入」「圧縮」「燃焼」「排気」の4行程を経るため4サイクルエンジンと呼ばれます（上図）。

▮ガソリンエンジンは吸入行程で混合気を内部に取り入れる

　それぞれの行程について、もう少し詳しく見ていきます。ガソリンエンジンはガソリンを燃料にすると述べましたが、それだけでは動きません。良い燃焼を得るためには、吸入行程でガソリンと空気が適切に交じり合った**混合気**が必要になります。

　エンジンは、**ピストン**が押し下げられると、外部の空気が入ってくるのと同時に適切な量のガソリンが噴射されるようにつくられており、それによってエンジンの**シリンダー**内部が混合気で満たされます（上図①）。

　ピストンが最低部（**下死点**：41頁上図参照）まで押し下げられることで吸入された混合気は、ピストンが上昇することによって圧縮行程に入ります。混合気が圧縮されると空気の密度が高くなることで温度が上がり、混合気はより燃えやすい状態になります（上図②）。

▮混合気が圧縮されたところに火花を飛ばし、膨張力が生まれる

　燃焼行程では、圧縮された混合気が**スパークプラグ**により着火されます。ピストンが最上部（**上死点**：41頁上図参照）まで来て圧縮された混合気は、着火によりシリンダー内で一気に膨張をはじめます。これがエンジンのパワーの源です（上図③）。

　排気行程では、混合気が燃焼・膨張したことにより下死点まで押し下げられたピストンが、上がっていくことで燃焼し終わった燃焼ガスを排気していきます（上図④）。

　排気行程の後は、最初の吸入行程に戻りこのサイクルが続いていきます。

　ディーゼルエンジンは、混合気ではなく空気を内部に取り入れ、燃料を噴射することで燃焼行程を行ないますが、基本的な考え方はガソリンエンジンと同じです（下図）。

第2章 動力を生み出すエンジンの中心部

4サイクルガソリンエンジン

4サイクルガソリンエンジンでは、吸気バルブを経て外部から混合気を取り入れる。吸気バルブを閉じ、圧縮された混合気はスパークプラグにより着火され、ピストンに下向きの力が加えられる。

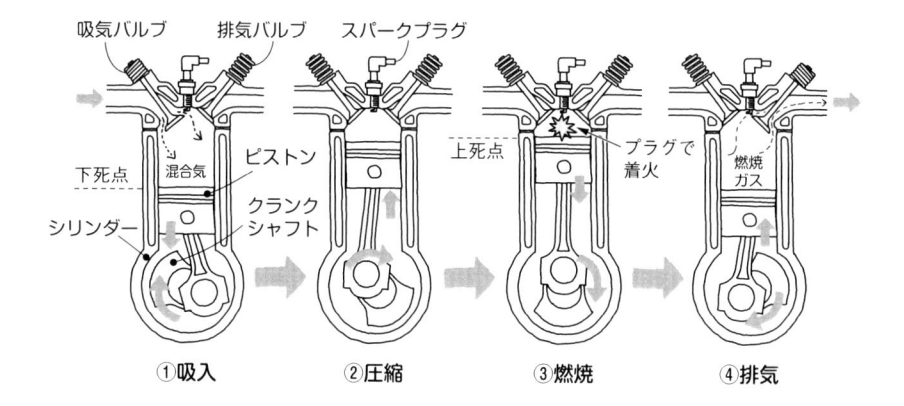

①吸入　②圧縮　③燃焼　④排気

4サイクルディーゼルエンジン

ディーゼルエンジンでは、空気を外部から取り入れ、圧縮行程の終わりに噴射ノズルから燃料を噴射することで着火する。ガソリンエンジンとは違い、スパークプラグを必要としないのが特徴。

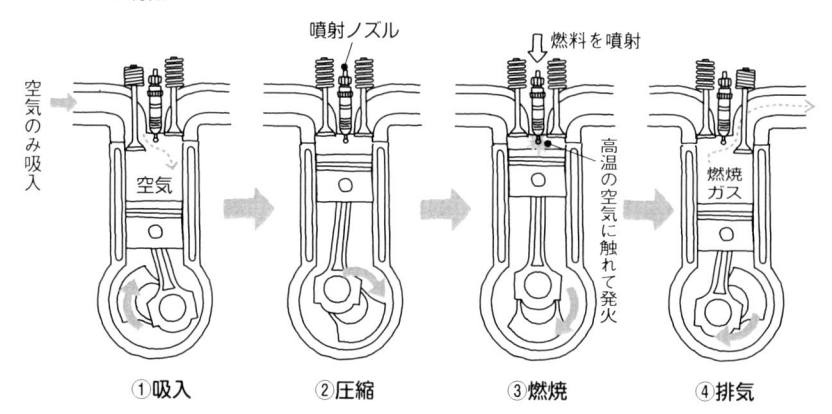

①吸入　②圧縮　③燃焼　④排気

POINT
- ◎4サイクルエンジンには、「吸入」「圧縮」「燃焼」「排気」の4行程がある
- ◎ガソリンエンジンは混合気を、ディーゼルエンジンは空気を取り入れる
- ◎着火による膨張力が、エンジンのパワーとして取り出される

1-3 レシプロエンジンの種類

カタログなどを見ていると、直列4気筒や6気筒、V型8気筒などという言葉を目にしますが、これらは何を意味するのですか？　また、V型エンジンはどのような必要性からつくられたのでしょうか？

　レシプロエンジンは、シリンダーの並び方（**シリンダー配列**）によっていくつかのバリエーションがあります。オーソドックスなのが**直列エンジン**です。これはインライン・エンジンとも呼ばれますが、言葉のとおりシリンダーが一列に並んでおり、**直列3気筒**、**直列4気筒**、**直列6気筒**などがあります（上図）。**気筒**とはシリンダーのことで、数字はその数を表しています。

　現在、多くの乗用車に直列エンジンが採用されていますが、その理由は重量やコストを抑えられるからです。

■シリンダーをV型に並べることでスペースが抑えられる

　V型エンジンは、シリンダーの配置がV型をしているところから名付けられました（中図①②）。V型6気筒をV6と表しますが、乗用車ではV6、V8、V10、V12が実用化されています。なぜV型エンジンがつくられたかというと、直列6気筒以上の場合は寸法が長くなり、エンジンの**搭載スペース**が限られてしまうからです。

　たとえば直列6気筒の場合、エンジンは下図①のような形で置かれますが、これをV型6気筒にして3気筒×2列にすれば、長さが抑えられスペースが節約できます。こうすることで、直列6気筒では事実上縦置きしかできないところが、横置きも可能となります（下図②、16頁参照）。

　同様に8気筒以上にした場合、直列では搭載スペースが非常に取りにくくなりますが、V型にして4気筒×2列とすれば搭載スペースがつくれます。ただ、V型は気筒数が多い分パワーは増しますが、部品点数が多く複雑になるため重くなります。

■水平対向エンジンは低重心で操縦性・安定性にも寄与する

　水平対向エンジンは、シリンダーが水平になっているエンジン形式で、日本では富士重工業、ドイツではポルシェ社が積極的に開発しています。

　V型と同じくエンジンの全長を短くできるとともに、V型以上にシリンダーが寝ていることによって低重心につくれるというメリットがあります（中図③）。富士重工業の水平対向4気筒エンジンは、長さが抑えられ、通常はオーバーハング※まで出てしまうエンジン搭載位置を下げられるために、前後荷重バランスが良くなり、操縦性の向上に寄与しているといわれます（水平対向は縦置き）。

※　オーバーハング：フロントアクスル（車軸）からノーズ（クルマの先端）までの距離。ここに重い物があると重量配分が悪くなる。エンジンを下げられればバランスが良くなる

第2章 動力を生み出すエンジンの中心部

直列エンジン

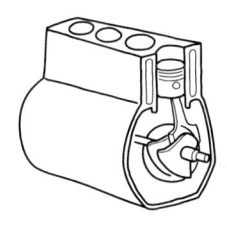

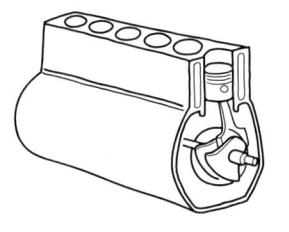

直列エンジンは構造が比較的シンプルで部品点数も少なく、軽量にすることができる。

①直列4気筒　　②直列6気筒

V型エンジンと水平対向エンジン

V型のシリンダーの開く角度はバンク角と呼ばれるが、V6は60度、V8は90度が適しているといわれている。

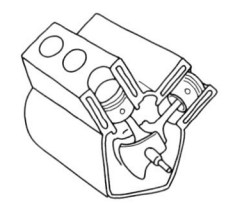

①V型6気筒 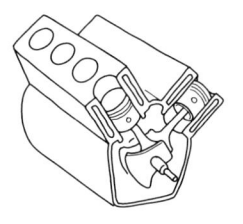　　②V型8気筒 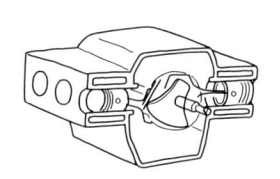　　③水平対向6気筒

直列6気筒・縦置きとV型6気筒・横置き

直列6気筒は、エンジンの全長が長くなるので縦置きにしかできないが(①)、V型にすれば横置きも可能になる(②)。

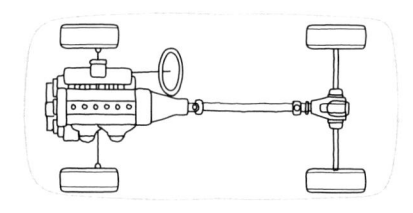

①直列6気筒・縦置き 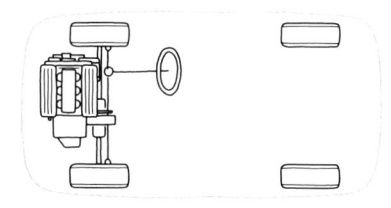　　②V型6気筒・横置き

POINT
◎レシプロエンジンには、直列、V型、水平対向という形式がある
◎直列エンジンは、比較的軽量でシンプルにつくることができる
◎V型エンジンは、シリンダーを2列にすることでスペースを節約できる

027

1-4 直列エンジン、V型エンジンの特徴

レシプロエンジンには、直列エンジンやV型エンジンがあることはわかりましたが、それぞれどのような特徴があるのですか？ V型で気筒数が多いほうが良いエンジンなのでしょうか？

前項でも触れましたが、直列、V型、水平対向は、形が違うだけでなくそれぞれに特徴を持っています。

直列エンジンが現在の主流のエンジンとなっているのは、構造が比較的シンプルで部品点数が少なく、低コストでつくれるからです。

直列エンジンの場合、特徴はその気筒数によって違ってきます。軽自動車は主に**直列3気筒**を使っていますが、小さいボディ規格の中で、十分な居住性を確保するためには最適なサイズといえます（上左図）。ただし、同じ排気量なら4気筒に比べて1回当たりの燃焼圧力が大きくなるため、エンジン回転のスムーズさということでは4気筒、6気筒に劣ります。

▌コンパクトで縦置きにも横置きにも使える直列4気筒

直列4気筒は、現在一番ポピュラーな形式といっていいでしょう。軽自動車の660ccから2000ccオーバーまでの幅広いクラスで使われています。縦置きにも横置きにも対応できるので（16頁参照）、ファミリーカーからスポーツカーまでオールマイティに使えるエンジンといえます（上右図）。

直列6気筒の最大の特徴は回転のスムーズさで、静粛性が求められる高級車などに使われることが多くなっています。ただし、シリンダーを6つ並べると、どうしても長いエンジンになってしまい、搭載スペースが大きくなってしまうのが欠点です。また、4気筒に比べ部品点数が多くなってしまうため重くなります。

▌V型エンジンは多気筒で大パワーなエンジンがつくれる

前項でも述べたように、V型にすればエンジンの長さを抑えられるため、直列では事実上不可能な8気筒や12気筒も可能となります。多気筒化によって大パワーエンジンにでき、かつ居住空間を確保できるのが**V型エンジン**の特徴といえます。ハイパワースポーツカーや、大排気量の高級車用のエンジンをつくる場合には有効な方法です。

以上のような特徴はありますが、どれがいいとは一概にいえず、コスト、用途などによって変わってきます（下図）。自動車メーカーは、それぞれの用途に応じたエンジンを適材適所で採用しているといえます。

第2章 動力を生み出すエンジンの中心部

直列3気筒エンジン

直列3気筒エンジンは、軽自動車の規格の中で最大限の居住空間を確保するために最適なサイズといえる。
〈軽自動車の規格〉
・全長 3.4m 以下
・全幅 1.48m 以下
・全高 2m 以下
・排気量 660cc 以下

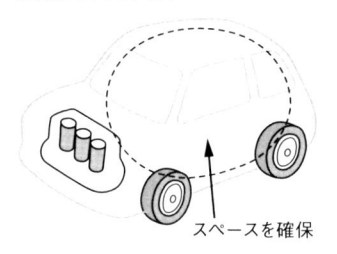

スペースを確保

直列4気筒エンジン

直列4気筒エンジンは、FFなら横置き、FRなら縦置きに搭載できる。

① FF（横置き）

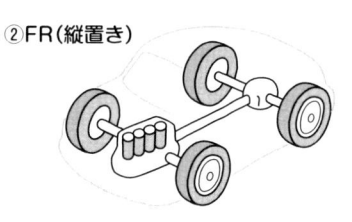

② FR（縦置き）

エンジンの種類とメリット・デメリット

エンジンの種類	メリット	デメリット
直列3気筒	・コンパクトで低コスト ・燃費が良い	・振動が大きい
直列4気筒	・縦置きにも横置きにも使用可能 ・軽量コンパクト ・同排気量の多気筒エンジンより好燃費	・6気筒に比べて高回転での振動が目立つ
直列6気筒	・回転がスムーズで静か（高級感）	・長いエンジンになるため搭載スペースが必要
V型6気筒	・エンジンの長さを抑えられる ・居住空間が確保できる	・直列6気筒に比べて複雑で、重量、振動では不利
V型8気筒	・大排気量 ・1気筒あたりの排気量が小さくなり、スムーズ	・部品点数が多く高コスト ・燃費が悪い

POINT
◎直列エンジンは、軽量コンパクトにつくれるというメリットがある
◎V型にすることによって、直列ではムリな多気筒エンジンもつくることができる
◎エンジン形式だけでどのエンジンが良いとは一概にいえない

1-5 多気筒エンジンのメリット・デメリット

4気筒や6気筒で十分に働くエンジンを、どうして8気筒、12気筒などに多気筒化していく必要があるのですか？　多気筒にするほどメリットが増すことになるのでしょうか？

前述したように、多気筒にすることのメリットは大パワーを得られることです。性能的に考えると、ガソリンエンジンは1つの気筒（シリンダー）だけでは限りがあるので、高性能を求めれば**気筒数を増やす**（**多気筒化**）ことになります（上図）。

◾️多気筒になることのメリット

また、同じ排気量で気筒数が多くなれば、燃焼1回あたりの膨張力は小さくてすむので、スムーズで高回転に対応するエンジンになります。たとえば、同じ1800ccでも、4気筒なら1気筒あたり450cc、6気筒なら300ccとなり、1回あたりの膨張力は小さくなります。

オートバイなどでは1気筒（**単気筒**）のエンジンもありますが、多くは排気量が50ccから250ccまでで、その特性上振動も大きいため乗用車では採用されません。多気筒ならば、ピストンが動くときの慣性による振動をある程度打ち消し合うこともできますが、単気筒では事実上不可能だからです。

直列エンジンの場合は、エンジン搭載スペースの問題などで6気筒までですが、それ以上の出力を得るためには8気筒や12気筒というエンジンが必要となります。これらのエンジンは直列で搭載するのは不可能なため、Ｖ型として2列にするというのは前述したとおりです。

また、**Ｖ型エンジン**はシリンダーが斜めになることで、エンジン高を低くすることができます（27頁中図参照）。実際には排気管がエンジンの下を通ることなどで計算どおりにはいきませんが、これもメリットといえるでしょう。低重心は操縦性・安定性に好影響を与えます。

◾️重い多気筒エンジンはクルマ全体のバランスをくずすこともある

多気筒ならば大パワーになるといっても、乗用車用では12気筒までが限界です。Ｖ型エンジンは構造が複雑になることや構成パーツが多くなることによって重くなりますが、当然のことながらそれはデメリットになります。

たとえ大きな出力が得られたとしても、エンジンの重量が重くなればなるほど、それを支えるシャシー側、特にブレーキやサスペンションの負担は大きくなるのです（下図）。

第2章 動力を生み出すエンジンの中心部

気筒数と出力の関係

エンジン1気筒当たりの性能には限界があるが、それを多気筒化していくことにより性能アップ≒高出力化を図ることができる。

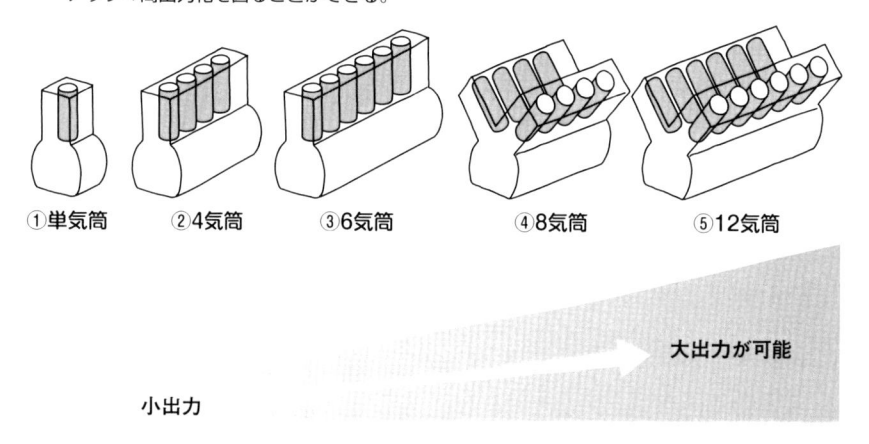

①単気筒　②4気筒　③6気筒　④8気筒　⑤12気筒

小出力　→　大出力が可能

多気筒化のメリット・デメリット

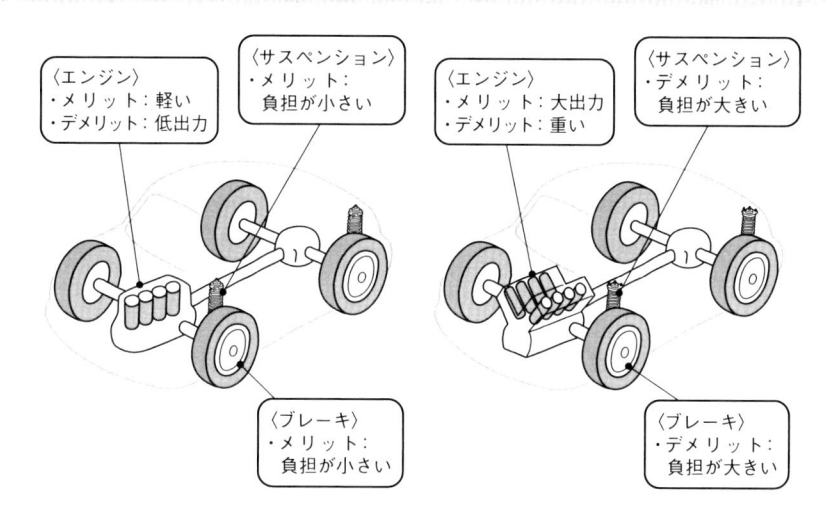

〈エンジン〉
・メリット：軽い
・デメリット：低出力

〈サスペンション〉
・メリット：負担が小さい

〈ブレーキ〉
・メリット：負担が小さい

①直列4気筒エンジン搭載車

〈エンジン〉
・メリット：大出力
・デメリット：重い

〈サスペンション〉
・デメリット：負担が大きい

〈ブレーキ〉
・デメリット：負担が大きい

②V型8気筒エンジン搭載車

POINT
- ◎多気筒化のいちばんのメリットは、エンジンの出力を上げられること
- ◎多気筒化が良いといっても、V型12気筒までが限度
- ◎多気筒エンジンは、構造が複雑で重くなるというデメリットもある

2. エンジンの基本的な構造

2-1 4サイクルエンジンを構成するパーツ

自動車はたくさんの部品から構成されていますが、エンジンは特に複雑に見えます。自動車エンジンの代表ともいえる4サイクルガソリンエンジンの本体を構成するパーツにはどんなものがあるのですか?

エンジン本体は、シリンダーヘッドやシリンダーブロック、クランクケースなどで覆われています。これらはエンジンの土台ともいえるもので、エンジンルームを開ければ確認できる数少ない部品といえます(上図)。詳しくは次項で触れます。

■エンジンは一見複雑だが、「動き」から見れば合理的でわかりやすい

シリンダーヘッド内にある主なパーツは、吸気バルブ、排気バルブ、カムシャフトなどです。**シリンダーブロック**内にはピストン、コンロッドなどがあります。シリンダーブロックの下部には**クランクケース**と呼ばれる部品があり、その中にはクランクシャフトが収まっています(下図)。

吸気バルブは、混合気を燃焼室(次項参照)やシリンダーの中に吸い込む際に開きます。圧縮の際には閉まります。**排気バルブ**は、燃焼が終わった燃焼ガスをエンジン外に排出する際に開く役割をしています。これも圧縮のときには閉まります(25頁上図参照)。材質はともに耐熱合金ですが、高温ガスの出入口となる排気バルブにはナトリウムを封入して冷却しやすくしている場合もあります(59頁下図参照)。

吸排気バルブを開閉するためのパーツが**カムシャフト**です。これは棒状の金属に「カム山」がつくられたもので、それが回転してバルブを押したり解除したりします(64頁参照)。材質は鋳鉄が主ですが、耐摩耗性を高めるために熱処理が加えられています。

■ピストンは燃焼圧力を直接受けるための強度と軽さが必要

ピストンは、強度が必要なのはもちろんですが、エンジンレスポンス(反応の速さ)を良くするためには軽さも求められます。現在はアルミ合金の鋳造製のものが主で、高性能エンジンになるとアルミ合金鍛造製が用いられている場合もあります。

コンロッドはピストンとクランクシャフトを接続するパーツです。回転軸を介してピストンとつながり、上下左右に動かされるために負担が大きくなります。材質は、クロームモリブデン鋼や炭素鋼などが用いられます。それとつながる**クランクシャフト**はシリンダーブロックの下部のクランクケース内にあります。ピストンの往復運動を回転運動に変換するパーツであり、高速回転するので強度や耐久性が要求されます(46頁参照)。素材は炭素鋼や耐摩耗性にすぐれた球状黒鉛鋳鉄などです。

第2章 動力を生み出すエンジンの中心部

🔧 エンジンの外側を構成するパーツ

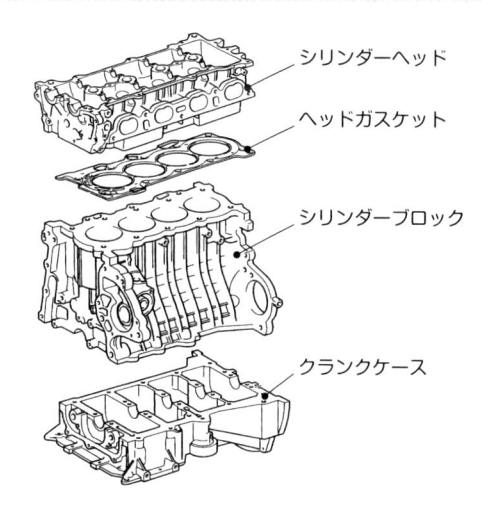

- シリンダーヘッド
- ヘッドガスケット
- シリンダーブロック
- クランクケース

ボンネットを開いて確認できるエンジンの主要パーツは、シリンダーヘッドとシリンダーブロック。これらはエンジンの外骨格となっている。シリンダーヘッドとブロックの間にはヘッドガスケットが入る。

🔧 エンジン内部の主要なパーツ

この図ではエンジン内部の主要パーツのみを示したが、実際にはそれぞれのパーツをさらにサポートする多くのパーツがある。

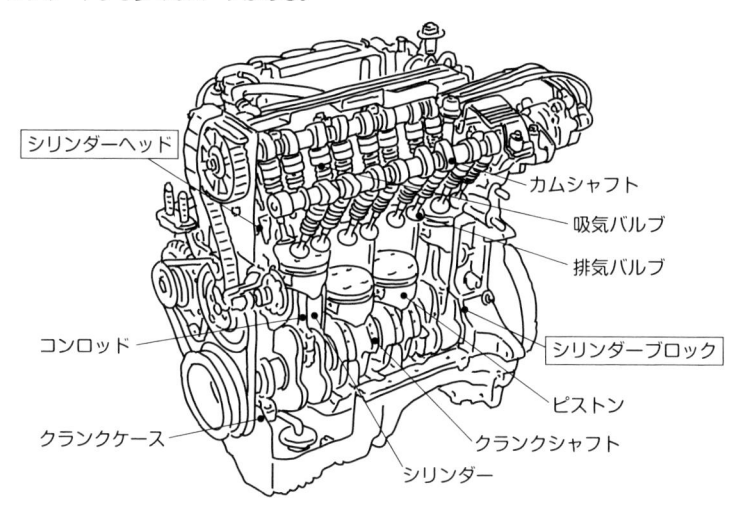

- シリンダーヘッド
- カムシャフト
- 吸気バルブ
- 排気バルブ
- コンロッド
- シリンダーブロック
- ピストン
- クランクケース
- クランクシャフト
- シリンダー

POINT
- ◎エンジンは、シリンダーヘッド、シリンダーブロックに覆われている
- ◎エンジン内部は合理的につくられており、動きから見ればわかりやすい
- ◎それぞれの部品は、必要とされる強度や耐熱性に応じた材質が使われている

2-2 シリンダーヘッドの構造

シリンダーヘッドはエンジンの最上部にあって、吸気バルブ、排気バルブ、カムシャフトなどが位置しているということですが、この部分はどのような役割を果たしているのですか？

　シリンダーヘッドは、エンジンの性能を語るうえで非常に重要なパーツです。**カムシャフト**や**吸排気バルブ**といった"性能に直接関わる駆動パーツ"があるだけでなく、エンジンの心臓部ともいえる「**燃焼室**」が設けられています（上図）。
　この部分は高温にさらされるため、材質は放熱性の良いアルミ合金でつくられるものが多くなっています。

▰エンジン性能の基礎体力を決める部分

　大気につながる通路である**吸排気ポート**はこの部分につくられています。効率の良い吸排気をするためには、このポートの形状が重要になります。吸排気バルブは燃焼室の上部に備えられているので、**バルブシート**もここにつくられています（58頁参照）。
　吸排気バルブとバルブシートは、気密性を高めるためにしっかりと密着させる必要があり、バルブの傘とバルブシートの当たり面積は、燃焼室の熱を逃すため、冷却にも関わっています。
　吸排気バルブは、**バルブスプリング**により燃焼室に密着していますが、それを押し出す役割をするのがカムシャフトです。
　70頁で詳しく解説しますが、カムシャフトが1本で吸排気バルブ両方を動かすのがSOHC（OHC）、2本あって1本が吸気、1本が排気バルブを動かすのがDOHCですから、シリンダーヘッドの設計でそれが決まるともいえます。実際に同じ**シリンダーブロック**を使っているSOHCエンジンとDOHCエンジンもあります。

▰シリンダーヘッドとブロックの間にはヘッドガスケットを入れる

　カムシャフトがバルブリフターを押し、直接バルブを動かすタイプのエンジンを直動式といいます（下図）。DOHCの場合は構造上これが可能で、**ロッカーアーム**と呼ばれる中間に入るパーツが不要となるために主に用いられてきましたが、最近はDOHCでも直動式でないエンジンが多く使われています。
　シリンダーヘッドとブロックは密着性を高めるために、間に**ヘッドガスケット**が挟まれています。これにはクッション性と耐熱性が必要とされるため、メタル製のものが多くなっています（33頁上図参照）。

第2章 動力を生み出すエンジンの中心部

🔧 シリンダーヘッドの断面図

シリンダーヘッドは、カムシャフト、吸排気バルブが装着され、燃焼室が形成されている。エンジン性能の多くの要素がこの部分の構造で決まる。

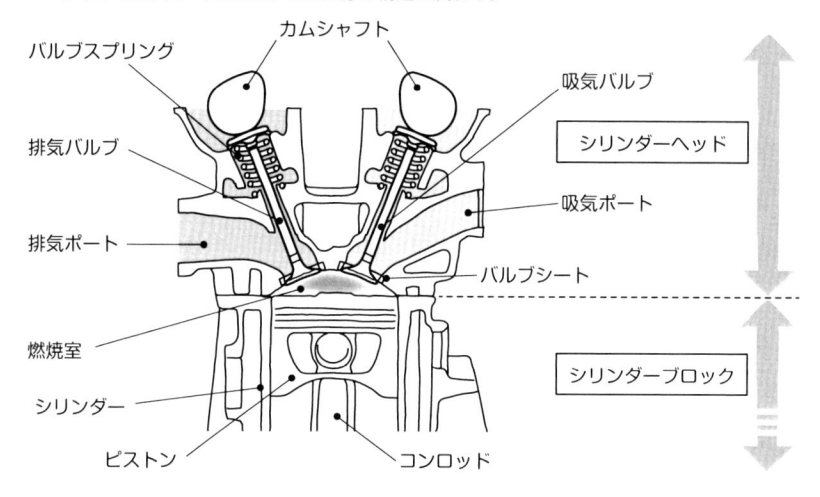

主な構成部品：
- バルブスプリング
- カムシャフト
- 吸気バルブ
- 排気バルブ
- 排気ポート
- 吸気ポート
- バルブシート
- 燃焼室
- シリンダー
- ピストン
- コンロッド
- シリンダーヘッド
- シリンダーブロック

🔧 シリンダーヘッドの構造

ヘッドカバーを開けて、シリンダーヘッドを上部から見たところ。バルブの開閉をするカムシャフトは外してある。多くの部品があるようだが、構成自体はそれほど複雑なものではない。

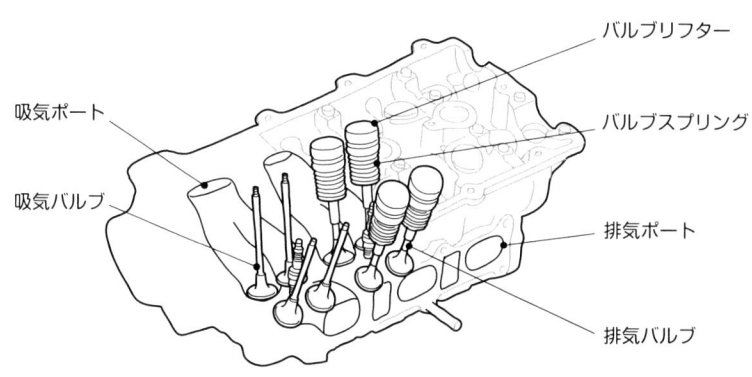

主な構成部品：
- 吸気ポート
- 吸気バルブ
- バルブリフター
- バルブスプリング
- 排気ポート
- 排気バルブ

POINT
- ◎シリンダーヘッドは燃焼室が設けられるため、耐熱性と放熱性が必要
- ◎カムシャフトと吸排気バルブという重要パーツを内蔵する
- ◎SOHC(OHC)、DOHCはシリンダーヘッドのつくりによって決まる

2-3 シリンダーブロックの構造

シリンダーヘッドが、エンジンの心臓部ともいえる重要な存在だということはわかりましたが、ピストン、コンロッドなどを納めるシリンダーブロックは、どのような役割を果たしているのですか？

シリンダーブロック（エンジンブロック）は、エンジン全体の重量の20％〜30％を占める大きなパーツです。一見、単なる金属の箱のように見えますが、パワーの源となるパーツを納める工夫が凝らされています。

シリンダーブロックの内部には**ピストンシリンダー**という筒状のスペースが形成されています。アルミ合金製のシリンダーブロックには、ピストンシリンダー本体の摩耗を避けるために、**シリンダーライナー**という部品がはめ込まれ、そこにピストンとそれに連結したコンロッドが収まります（上図、33頁下図参照）。

また、エンジンを冷やすための**冷却水**が循環する経路もシリンダーブロックに設けられていて、これを**ウォータージャケット**と呼びます（下図、146頁参照）。潤滑のためのオイルの経路もシリンダーブロックの中に設けられています（140頁参照）。

◼ **シリンダーブロックはコンピューターの計算により設計される精密品**

シリンダーブロックは、エンジンの主要パーツを組み込むために厳しい条件が求められます。かつては鋳鉄製のものが一般的でしたが、現在では高性能化に応えるために、軽量化や放熱性を鑑みアルミ合金製のものが主流になっています。CADやCAM、有限要素法などコンピューターを使用した緻密な設計が可能になったことにより、軽量化と強度、剛性という相反する条件を満たすことができます。

◼ **エンジンの中でいちばんの重要性を持つといってもいいパーツ**

エンジンに関する重大なトラブルは、シリンダーブロックの中で起こる可能性が高いといえます。たとえば"エンジンが焼きついた"といえば、主にピストンがシリンダーの中で溶けて固着した状態をいいます。また、エンジンブロー（Engine broken down）は、コンロッドがシリンダー内で折れて、ひどい場合にはシリンダーブロックを突き破り外部に飛び出してしまう場合もあります。

そこまでいかなくとも、たとえば冷却系の故障から**オーバーヒート**（148頁参照）を起こした場合、シリンダーブロックとシリンダーヘッドをつなぐ**ヘッドガスケット**（33頁上図参照）が熱によって吹き抜け、走行不能になることもあります。ガスケットの損傷だけならば修理は可能ですが、熱が入ってしまったことによりシリンダーブロックに歪みが出ると、事実上そのエンジンは再生不能となってしまいます。

第2章 動力を生み出すエンジンの中心部

シリンダーブロックの構造

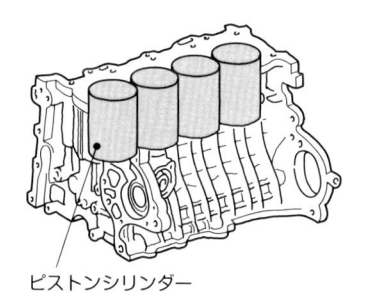

ピストンシリンダー

シリンダーブロック単体。左図のようにピストンシリンダーが形成され、そこにピストンが収まるようになっている。シリンダーライナーは、シリンダーブロックが鋳鉄製のときには必要なかったが、アルミ合金製になると、ピストンとシリンダー壁の摩耗を避けるためにはめ込まれるようになった。

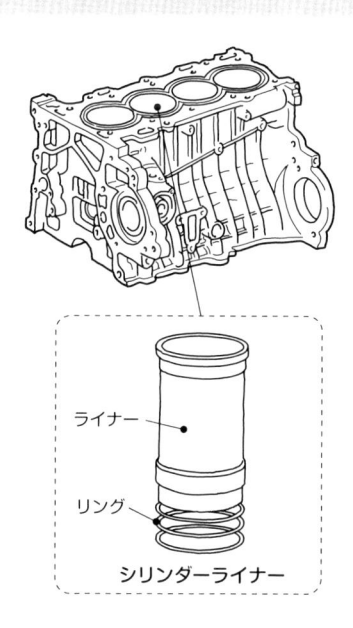

ライナー
リング
シリンダーライナー

ウォータージャケット

水冷エンジンでは、シリンダーブロックの周りをウォータージャケットが覆い、放熱する構造となっている。

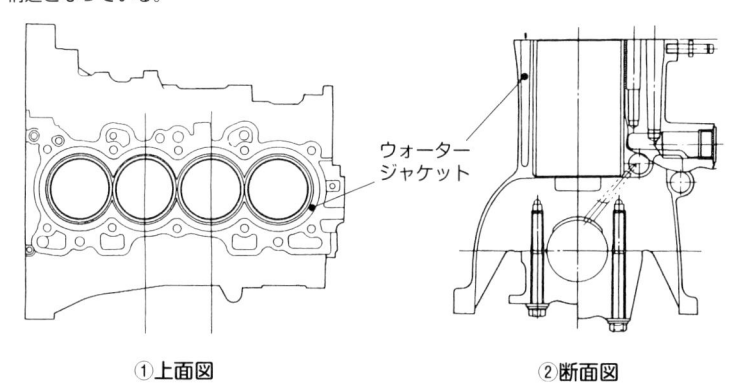

ウォータージャケット

①上面図　　②断面図

POINT
◎ピストンシリンダーというピストンが入る重要なスペースがある
◎強度と耐久性が必要なため、現在ではコンピューター設計されている
◎水でエンジンの冷却を行なうためのウォータージャケットを備えている

2-4 燃焼室の構造

燃焼室は、ピストンによって圧縮された混合気にスパークプラグで着火するエンジンの心臓部といえることはわかりました。ここでは、効率の良い燃焼のためにどのような工夫がされているのですか？

　34頁でも述べましたが、**燃焼室**はシリンダーヘッドの内部にあるスペースです。ここで、4サイクルエンジンの4つの行程「吸入」「圧縮」「燃焼」「排気」のうちの「**燃焼**」が行なわれます。

　混合気と燃焼ガスの通り路（**吸排気ポート**）も燃焼室上に設けられ、吸排気バルブがそれにフタをする形で装着されます。

　燃焼室の底面はピストンが**上死点**に達したときの最上部になりますから、**ピストンヘッド**も燃焼室の一部になります（上図）。

▎燃焼室の形は、ペントルーフ型が主流となっている

　エンジンが動くときには、強い膨張力が発生するわけですから（24頁参照）、燃焼室のサイズや形状はエンジン性能に大きな影響を与えます。

　燃焼室の形状はクサビ型、バスタブ型、多球型、半球型などさまざまな形が用いられてきましたが、それぞれ一長一短があり、現在のエンジンは**ペントルーフ型**が主流になってきています（中図）。

　その理由は、1気筒あたり4バルブが当たり前になったことや、火炎の燃え広がり方やスピードにアドバンテージがあることです。コンパクトで表面に凹凸がないこと、4バルブ化した際に**プラグホール**（スパークプラグを固定する穴）をバルブの中心にできることから燃焼に有利になります（下図）。

▎燃焼室の表面積が小さいほうがパワーを出しやすいエンジンになる

　燃焼室の性能を表す基準に**S/V比**というものがあります。Sは燃焼室の表面積、Vは燃焼室の容積を意味します。燃焼室の容積に対して表面積が狭いほうが、火炎の燃え広がり方がスムーズで、失われる熱の損失が少なくなるので、この値が小さいほうが望ましいとされています。燃焼室の表面積が広いと、そこから熱が逃げてしまうというわけです（下図）。

　先ほど、燃焼室はコンパクトなほうが良いと述べましたが、これにはルーフの角度も影響します。ルーフには吸排気バルブが装着されるので、これをバルブの挟み角を用いて表します。**バルブ挟み角**が小さい（狭角）と、燃焼室の天井が低くなり、よりコンパクトにすることができます。これについては62頁で詳しく解説します。

第2章 動力を生み出すエンジンの中心部

⚙ 燃焼室の構造

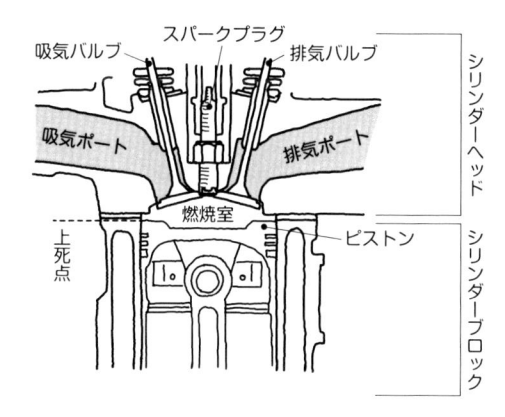

燃焼室はシリンダーヘッドに形成されている。上部にスパークプラグと吸排気バルブが装着され、床面はピストンヘッドとなっている。

⚙ 燃焼室形状のバリエーション

① クサビ型　　② 多球型　　③ ペントルーフ型

⚙ ペントルーフ型とクサビ型の燃焼時の比較

ペントルーフ型は、スパークプラグによって着火したとき、燃焼が均一に行なわれる傾向となる。

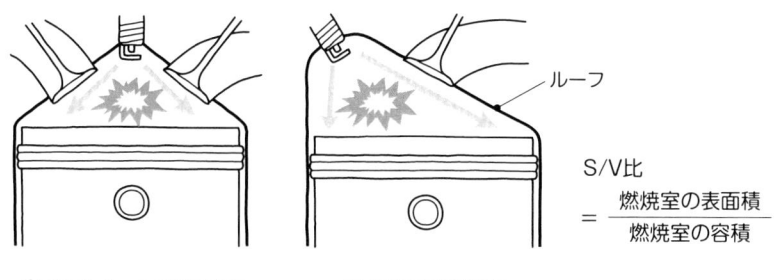

① ペントルーフ型燃焼室　　② クサビ型燃焼室

$$\text{S/V比} = \frac{\text{燃焼室の表面積}}{\text{燃焼室の容積}}$$

POINT
- ◎燃焼室は、シリンダーヘッドとピストンヘッドによって形成されている
- ◎燃焼室には複数の形状があるが、現在はペントルーフ型が主流
- ◎燃焼室の表面積を狭くしたほうが燃焼効率が上がる

2-5 圧縮比とノッキングの問題

エンジンは圧縮比が高いほどパワーが出るといいますが、それはなぜですか？　また、圧縮比を上げすぎると問題が起こるということですが、その理由はどんなことでしょうか？

　圧縮比とは、上図のようにピストンが**下死点**にあるときの**行程容積**と**燃焼室の容積**を加えた容積（**シリンダー容積**）を、燃焼室の容積で割った数値で表します。圧縮比が高いということは、燃焼室の容積が相対的に小さくなるということで、混合気をより強く圧縮できることになるため、燃焼時の圧力も強くなり、パワーが上がるわけです。ピストンの上昇にともない、ぎりぎりまで圧縮された状態で混合気が燃焼すると、それだけ強い燃焼圧力が発生するのです。

◤高圧縮はパワーを上げるが、ノッキング発生のリスクがともなう

　だからといって、やみくもに圧縮比を高くしていくと、デメリットが出てきます。エンジン内のパーツの負担が大きくなることもありますが、いちばん問題になるのは**ノッキング**です。これは高圧縮された混合気が、**スパークプラグ**で着火される前に異常燃焼を起こす現象です（下図）。

　エンジンを作動させているときに、カリカリ、キンキンという金属音がエンジンから聞こえることがあったら、ノッキングを起こしている可能性があります。この状態が続くと、ピストンが溶けたり焼きついたりというエンジンに致命的なダメージを与えることがあります。

　圧縮比の高いエンジンにはハイオクガソリンを使用しますが、これは、ハイオクは燃焼しにくいという性質があるため、圧縮比を上げてもノッキングが発生しにくくなるという理由によります。

◤旧来の常識をこえた高圧縮エンジンも登場している

　高性能エンジンというと、**ターボエンジン**を思い浮かべるかもしれません（96頁参照）。しかし、ターボエンジンは**NA（自然吸気）エンジン**に比べて圧縮比が低くなっています。ターボはエンジン内により多くの混合気を取り込む装置で、事実上圧縮比が上がってしまうため、そうせざるを得ない面があるのです。

　圧縮比は、通常のエンジンで11程度までといわれています。ちなみに圧縮比の限界は13ほどといわれていましたが、現在では14というエンジンも登場しています。これはピストンの形状を工夫したり、ガソリンを噴射するインジェクターの制御を精密にして（110頁参照）、燃焼室の温度を低下させることにより可能となったものです。

第2章 動力を生み出すエンジンの中心部

◎ シリンダー容積と圧縮比

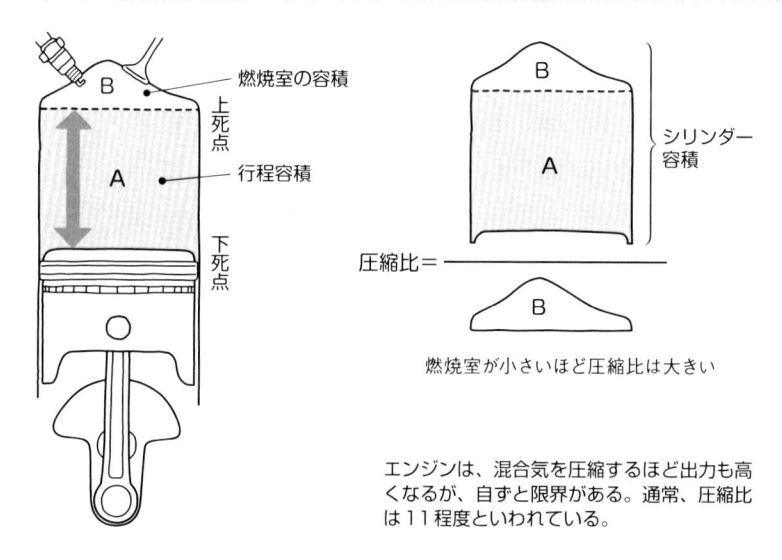

圧縮比 = シリンダー容積 / 燃焼室の容積

燃焼室が小さいほど圧縮比は大きい

エンジンは、混合気を圧縮するほど出力も高くなるが、自ずと限界がある。通常、圧縮比は11程度といわれている。

◎ ノッキングの発生

高パワーだけを求めて圧縮比を高くすると、混合気が強く圧縮されるため高温・高圧になり、スパークプラグが着火する前に燃え出す。これがノッキング現象で、エンジンには過酷な状況となる。

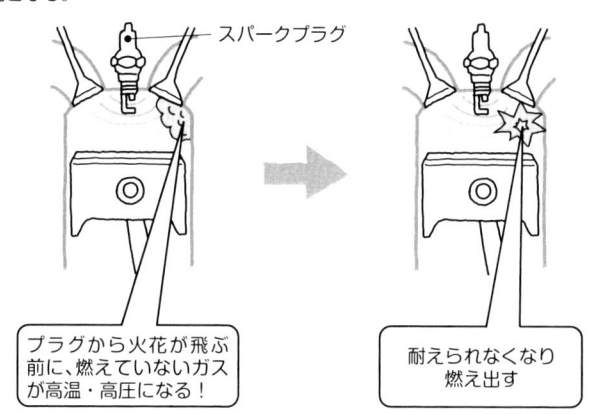

プラグから火花が飛ぶ前に、燃えていないガスが高温・高圧になる！

耐えられなくなり燃え出す

POINT
- ◎圧縮比とは、シリンダー容積を燃焼室の容積で割った値になる
- ◎高圧縮のエンジンは、燃焼が強くなるためにパワーが出る
- ◎高すぎる圧縮比は、ノッキングの発生でエンジンにダメージを与える

2-6 エンジンの大きさを決めるもの

軽自動車は660cc、コンパクトカーは1000cc、大排気量車といわれるクルマでは3000ccを超えるエンジンを搭載している場合もありますが、排気量といわれるこれらの数字は何を意味しているのですか?

一般に「大きなエンジン」という場合には、大排気量で大パワーが出ているエンジンということになります。エンジンの大きさは**排気量**(単位はcc、リットル)で表され、「シリンダーの断面積×ストローク」で求められます(上図)。

ピストンの動きによって排出されるガスの量でもあることから排気量と呼ばれますが、吸気量でもあるわけで、これが多ければ大きなパワーの発生が期待できることになります。

◼ ボア、ストローク、気筒数でエンジンの総排気量は決まる

エンジンの大きさを表す排気量について、もう少し詳しく見ていきましょう。中図のように、シリンダーの直径を**ボア**、ピストンの作動行程を**ストローク**といいます。1気筒当たりの容積はこれで求められるので、ボアとストロークはエンジンの大きさと直接的な関係があるといっていいでしょう。

そして、**気筒数**です。30頁で述べたように1気筒当たりのパワーには限りがあるため、パワーアップするために3気筒、4気筒、6気筒とシリンダー数を増やし、その分排気量はアップしていきます。多気筒になればなるほど、あるいは大排気量になればなるほどハイパワーが可能になるわけです。排気量に気筒数を掛けた値を**総排気量**といいます(下図)。

ちなみに1000ccとか2000ccという呼び方をしますが、実際にはシリンダーは円筒状なのできっちり割り切れる数値ではなく、1000ccは997cc、2000ccは1987ccだったりします。

◼ エンジンの性能は排気量だけで決まるわけではない

エンジンの性能は、排気量や気筒数だけで決まるわけではありません。たとえば、レーシングエンジンでは2000ccクラスの4気筒エンジンでも、200PS以上を発生することができます。それには、圧縮、点火、高回転化、バルブタイミング(72頁参照)などの要素が複雑に絡んできます。

エンジンの性能は、その使用用途によって方向づけられるといっていいでしょう。次項で説明するロングストローク、ショートストロークなどのエンジン自体のつくり方にも関わってきます。

第2章 動力を生み出すエンジンの中心部

排気量とは

- 燃焼室は排気量に含まれない
- シリンダーヘッド
- 上死点
- ストローク
- この空間が排気量
- 下死点
- シリンダーブロック
- シリンダー
- ピストン

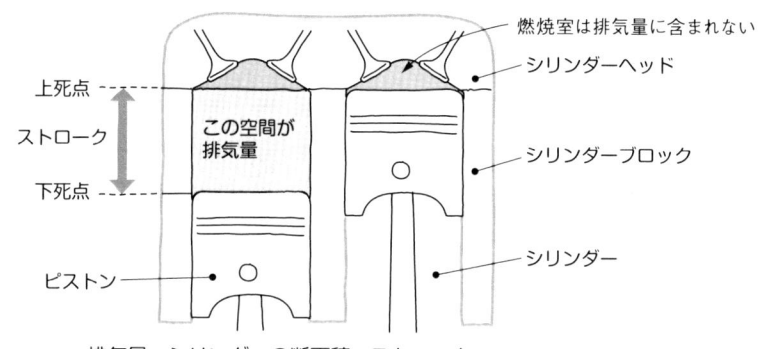

排気量＝シリンダーの断面積×ストローク
　　　＝（ピストンの半径の2乗×3.14）×ストローク

ボアとストローク

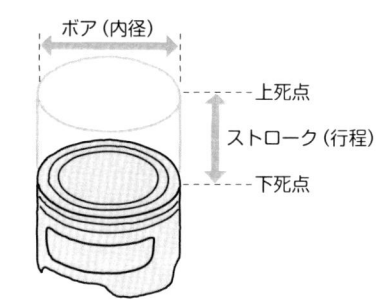

- ボア（内径）
- 上死点
- ストローク（行程）
- 下死点

シリンダーの内径がボア、ピストンの動作の行程がストロークとなる。1気筒当たりの排気量はこれで決まる。

総排気量とは

①4気筒

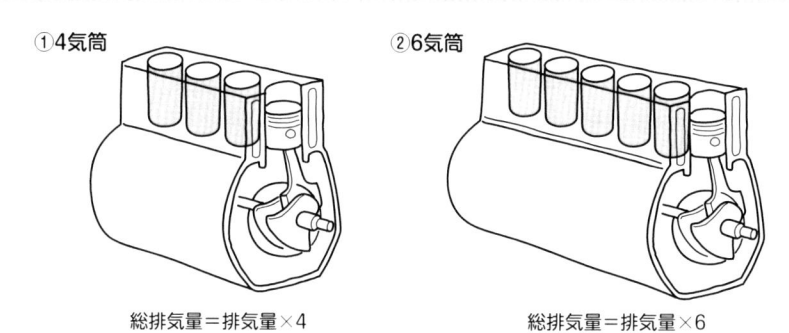

総排気量＝排気量×4

②6気筒

総排気量＝排気量×6

POINT
- ◎エンジンの大きさは、排気量と気筒数によって決まる
- ◎排気量は、ボアとストロークによって計算することができる
- ◎気筒数が多くなるほど、大パワーを発揮できる可能性がある

043

2-7 ロングストロークとショートストローク

「ロングストロークだからトルクがある」「ショートストロークだから高回転向きのエンジンだ」という話を聞くことがありますが、これらはどういうことを意味しているのですか？

　ロングストロークやショートストロークは、ボアとストロークの関係で決まります。前項で見たように、**ボアはピストンの直径**、**ストロークはピストンの作動行程（長さ）**になります。

　ボアよりもストロークが長ければ**ロングストローク**、ボアよりもストロークが短かければ**ショートストローク**となり、ボアとストロークが等しいエンジンを**スクエア**と呼びます（上図）。

▎ショートストロークはピストンスピードそのままに高回転化できる

　ショートストロークは、ピストンが上下動する距離が短くなるため、同じピストンスピードならば高回転になります。ロングストロークで同じ回転数にしようと思えば、ピストンをその分速く上下運動させなければなりません。その場合、ピストンとシリンダーの間のオイルの潤滑が追いつかないなどの問題が出てきます（138頁参照）。

　また、同じ排気量でもショートストロークにすると、**バルブ径**を大きくすることができます。そうすると、より多くの混合気がシリンダー内に取り込めるため、その分大きなパワーを得られる可能性があります（中図）。ただし、これは高回転の場合はメリットとなりますが、ショートストロークで低回転だと、吸気ポートの径が太くなることによって流速が遅くなり、燃焼には好ましくない状況となります。ここはトレードオフの関係にあるといえるでしょう。

▎ロングストロークは実用性能ですぐれる傾向となる

　ロングストロークは、回転速度はショートストロークに劣るものの、シリンダーヘッドの燃焼室がコンパクトになり、冷却損失[※]の少なさなどから燃焼効率が良くなる可能性があります。

　また、構造上**クランクシャフト**のアームが長くなることにより、てこの原理が働くのでトルク（回転力）が増します（下図）。そのため、低いエンジン回転からでも加速しやすい粘りのある特性をもったエンジンとなる傾向があります。逆に言えば、ショートストロークエンジンは実用回転域（街乗りなど通常の使用で多用される回転域）では乗りづらいエンジンとなる可能性があるともいえます。

※　冷却損失：燃焼行程で発生するガスが冷却系によって冷やされるときに生じる損失

第2章 動力を生み出すエンジンの中心部

ロングストローク、スクエア、ショートストローク

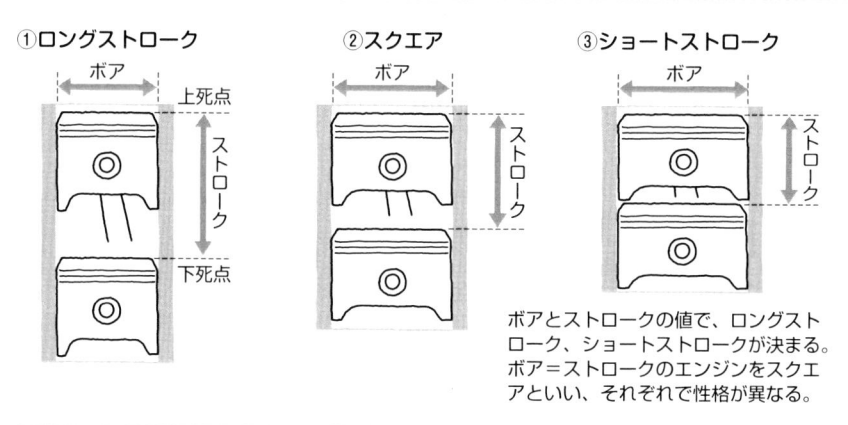

①ロングストローク　②スクエア　③ショートストローク

ボアとストロークの値で、ロングストローク、ショートストロークが決まる。ボア＝ストロークのエンジンをスクエアといい、それぞれで性格が異なる。

ショートストロークのメリット

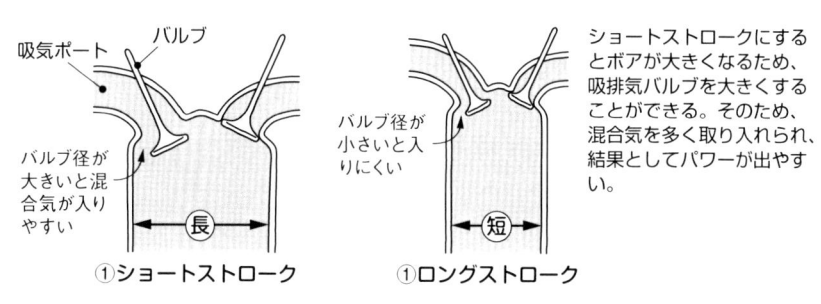

①ショートストローク　①ロングストローク

バルブ径が大きいと混合気が入りやすい

バルブ径が小さいと入りにくい

ショートストロークにするとボアが大きくなるため、吸排気バルブを大きくすることができる。そのため、混合気を多く取り入れられ、結果としてパワーが出やすい。

ロングストロークのメリット

①ショートストローク　②ロングストローク

アームが短い

アームが長いとトルク（回転力）が増す

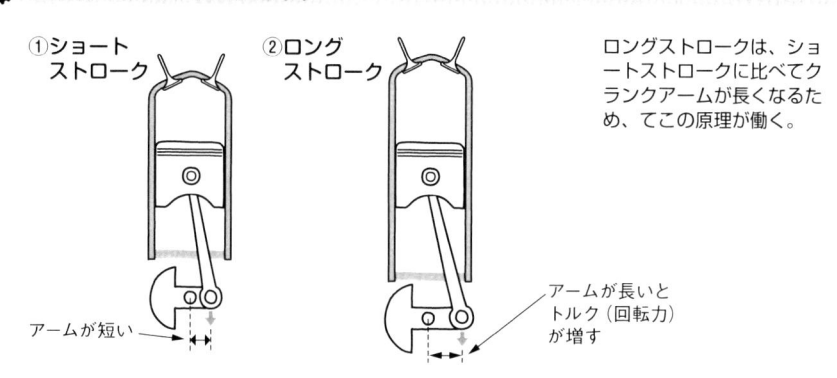

ロングストロークは、ショートストロークに比べてクランクアームが長くなるため、てこの原理が働く。

POINT
- ◎ショートストロークは、ピストンスピードを変えずに高回転化できる
- ◎スクエアはボアとストロークが同じで、中間的な性格を持つ
- ◎ロングストロークは、てこの原理でトルクが増す

3. ピストンとそれをパワーに変える周辺パーツ

3-1 ピストン運動(上下運動)から回転運動へ

エンジンが動くのは、混合気を圧縮、燃焼させた圧力によってピストンの上下運動を発生させるからということはわかりました。では、その上下運動を回転運動に変えるしくみはどうなっているのですか？

エンジンのパワーは、**ピストンが上下運動**することによって発生します。ただ、ピストンが上下に動くだけでは**回転運動**にはなりません。この「上下運動→回転運動への変換」という重要な役目を果たしているのが**クランクシャフト**です。ピストンが**コンロッド**（コネクティングロッド）を通じてクランクシャフトを回転させることで、タイヤの回転力としているのです（上図）。

■上下運動を回転運動にするための仲介をするコンロッド

ピストンは、コンロッドを介してクランクシャフトとつながっています。コンロッドには上端と下端に穴が開けられており、それぞれピストンとクランクシャフトに接続されています。

コンロッド上部のピストンとの接続部を**小端部**（**スモールエンド**）、下部のクランクシャフトとの接続部を**大端部**（**ビッグエンド**）と呼びます（中図）。

クランクシャフトは、横から見るとクランクアームによりクランク状になっており、前から見ると回転中心があります（55頁下図参照）。コンロッドはピストンとクランクシャフトに回転方向には自由に動くようにつながれているので、燃焼によりピストンが下がりはじめると、下がりながら横に動き、クランクシャフトのクランクアームを回転させるように動かします。

25頁上図で見たように、燃焼行程が終わると慣性でピストンを押し上げはじめ、燃焼ガスをシリンダー内から排出します。続いてピストンが再び下がりはじめ、それによって燃焼に必要な混合気を吸い込み、その後再び圧縮行程に入ります。この間、クランクシャフトは回転し続けています。

■ピストンとクランクシャフトの関係は自転車をこぐ人に似ている

ピストン運動（上下運動）から回転運動への変換は、人間が自転車をこぐ姿をイメージすればわかりやすいでしょう。人間のひざがピストン、すねがコンロッド、自転車のペダル及びクランクがクランクシャフトに相当します（下図）。

自転車をこぐときは、ひざが上下に動きます。すねが上下左右に動きながらペダルに力を与え、クランクを回転させます。その回転運動がタイヤの回転につながっているわけです。

第2章 動力を生み出すエンジンの中心部

ピストン、コンロッド、クランクシャフトの構成

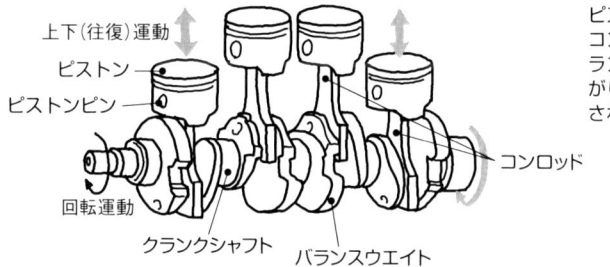

上下(往復)運動
ピストン
ピストンピン
回転運動
クランクシャフト
バランスウエイト
コンロッド

ピストンの上下運動は、コンロッドを介してクランクシャフトにつながり、回転運動に変換されている。

コンロッドとクランクシャフト

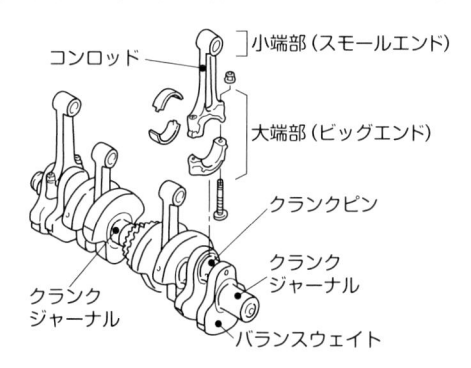

コンロッド
小端部(スモールエンド)
大端部(ビッグエンド)
クランクピン
クランクジャーナル
クランクジャーナル
バランスウェイト

コンロッドは小端部(スモールエンド)がピストンピンに、大端部(ビッグエンド)がクランクピンに回転方向にフリーに接続されている。

上下運動を回転運動に変換するしくみ

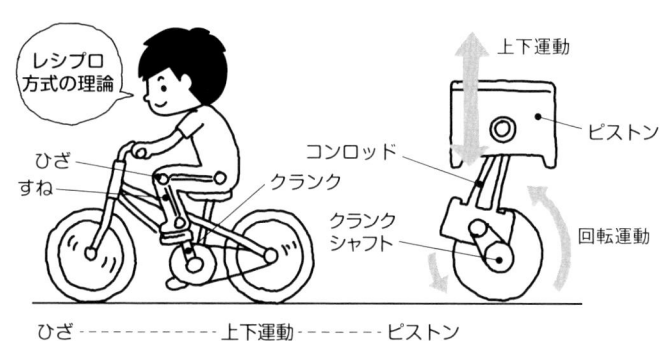

レシプロ方式の理論

ひざ
すね
コンロッド
クランク
クランクシャフト
上下運動
ピストン
回転運動

ひざ	上下運動	ピストン
すね	上下+回転運動	コンロッド
足首(ペダル)	回転運動	クランクシャフト

…に相当する

POINT
◎ピストンは、コンロッドによってクランクシャフトとつながっている
◎コンロッドは、上下左右に動くことができる
◎上下運動を回転運動に変えるしくみは自転車こぎと同じと考えていい

3-2 ピストンの工夫

ピストンの上下運動が回転運動となっていることはわかりました。強い燃焼圧力と効率の良さが求められると思いますが、それを満たすために、ピストンにはどのような工夫がされているのですか?

32頁で、**ピストン**の材質として鋳造や鍛造のアルミ合金が使われることが多いと述べました。かつては、重くても丈夫なほうがいいという考え方でしたが、現在は高速で上下動することから軽量なほうがいいとされています。

鋳造と鍛造がありますが、高速で回転させることを考えると、(同じ形状であれば)軽い鋳造のほうが重い鍛造よりもいいということになります。ただ、高出力のエンジンで鋳造を使う場合は、高い燃焼圧力を受けるので、その際の耐久性を考慮する必要があります。軽量であることと耐久性は、トレードオフの関係にあるので難しい要求といっていいでしょう。

■ピストンヘッドは燃焼室のフロアでもある

燃焼圧力を受けるピストン上面を**ピストンクラウン**といい、ピストン下部を**ピストンスカート**と呼びます(上図)。ピストンクラウンは、燃焼室のフロア(床)になります(39頁上図参照)。良い燃焼をするためには、この部分がフラットなほうが良いのですが、圧縮比を上げるためにここを盛り上げたり、また、この部分の形状のために開閉するバルブと接触する可能性がある場合を考え、**バルブリセス**という「逃げ」のスペースをつくったりします(中図、下図)。

リーンバーンエンジンなどの希薄燃焼を行なう場合には、効率の良い燃焼を促進させるために、スワールという混合気の流れをつくり出す工夫がされる場合もあります。これもピストンヘッドの形状に頼る部分が大きいのです(152頁参照)。

■ピストンとシリンダーの摩擦を減らす工夫も重要

ピストンスカートにも工夫が凝らされています。ピストンは、シリンダーの中で単純に上下運動しているのではありません。ピストンピンにつながる**コンロッド**が**クランクシャフト**によって左右に振られているので、ピストンもわずかではあっても左右に押しつけられており、これを**サイドスラスト**と呼びます(51頁中図①参照)。

サイドスラストの摩擦を減少させるには、圧力を分散するためピストンスカートを長くすることが有効です(上図、下図)。しかし、ピストンスカートを長くするとピストン自体が重くなってしまうというデメリットがあり、これをどうバランスさせるかが重要です。

048

第2章 動力を生み出すエンジンの中心部

ピストン各部の名称

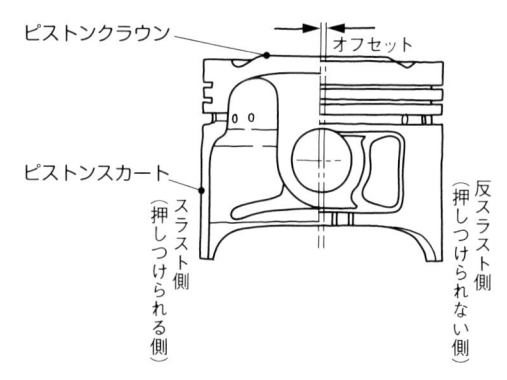

図中ラベル：
- ピストンクラウン
- オフセット
- ピストンスカート
- スラスト側（押しつけられる側）
- 反スラスト側（押しつけられない側）

ピストン頭頂部をピストンクラウンといい、燃焼圧力を直に受ける部分となる。ピストン下部のピストンスカートは摩擦と関係している（下図参照）。

ピストン、ピストンヘッドのさまざまな形状

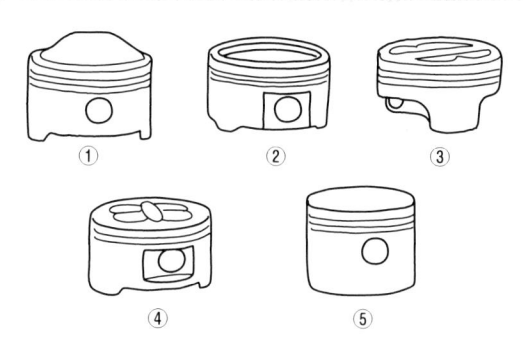

① ② ③ ④ ⑤

ピストンヘッドは、燃焼効率を上げるにはフラットなほうが良いが、設計によりいろいろな形状がある。①ピストンクラウン部を盛り上げたピストン（旧型）。②ピストンクラウン部をフラットにしたピストン。③軽量化のため、スカート部をT型にしたピストン。④ピストンリングを2本にしたピストン（軽量化と摩擦損失の縮小）。⑤初期の頃のピストン。

ピストンとその周辺の構成

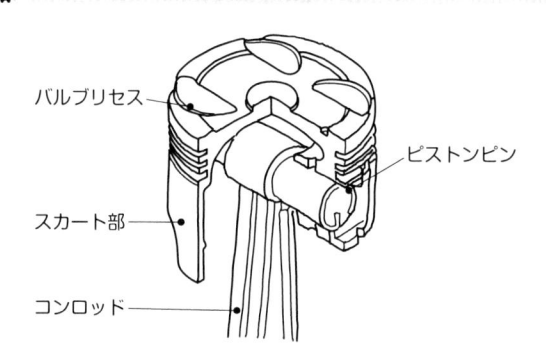

図中ラベル：
- バルブリセス
- ピストンピン
- スカート部
- コンロッド

ピストンはピストンピンによってコンロッドとつながり、上下しながらわずかでも首振り運動をしている（サイドスラスト）。それによる摩擦を小さくするにはスカートを長くすることが有効だが、重量とトレードオフとなる。図のピストンヘッドにはバルブとの干渉をさけるバルブリセスが設けられている。

POINT
◎ピストンは燃焼圧力を直接受ける部分であり、耐久性が求められる
◎強度とともに軽量であることがエンジン性能には重要となる
◎ピストンとシリンダーの摩擦を減らす工夫も凝らされている

3-3 オフセットピストンの効果

ピストンをよく見ると、コンロッドとつながるピストンピンの位置がボアの中心から少しずれています。かえってバランスが悪くなってしまいそうですが、どうして中心をずらしているのですか？

　前項でサイドスラストについて述べましたが、ピストンのオフセットは、**ピストンとシリンダーの摩擦を低減する**ために設けられています（上図）。ピストンが燃焼圧力によって押されるとき、ピストンとつながった**コンロッドは斜めになりながら下がっていきます**。それは、コンロッドの下端部が**クランクシャフト**のクランクピンに結合されているからです。

　それだけではなく、クランクシャフトはタイヤとつながり路面からの入力も受けているため、コンロッドはクランクシャフトからも押される形になります。そうすると、コンロッドはピストンをシリンダーに斜めに押しつけることになります。

■ピストンとシリンダー間の摩擦を低減するオフセットピストン

　たとえば、クランクシャフトが右回転している場合、上からの燃焼圧力と下からのクランクシャフトの力をコンロッドが受けることによって、ピストンはシリンダーの左側に押しつけられることになります（中図①）。このとき、**ピストンスカート**がシリンダー壁を叩いて異音を発生することがありますが、これをピストンスラップといって、エンジンにとっては良くありません。

　こうなると、ピストンはシリンダーとの間で摩耗することになり、**フリクションロス（摩擦による損失）**といった面からも好ましくありません。そこで考えられたのが**オフセットピストン**です。

　構造的には、ピストンピンをピストンの中心から1mmから2.5mmほどずらしてあります。左にピンをオフセットすると、側圧のかかっていない右側に圧力をかけることができ、左右にかかる力を均等化できます（中図②）。

■オフセットピストンとオフセットクランクは摩擦を減らすための工夫

　これと同じような作用をするものにオフセットクランクがあります。クランクシャフトの中心をシリンダーのボア中心線から10mmほどずらし、あわせて、ピストンピンも0.5mmほどオフセットさせています。

　これによって、燃焼行程の際、そのままだとピストンがコンロッドを斜めに押し下げるところが、コンロッドをまっすぐに押し下げ、摩擦を減らすことができるのです（下図）。

第2章 動力を生み出すエンジンの中心部

ピストンのオフセット

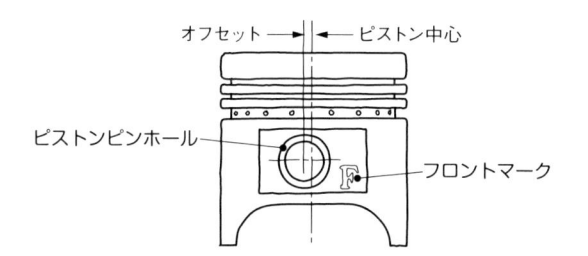

ピストンピンホールは、ピストンの中心ではなく、若干オフセットしている。これにはシリンダーの摩擦を低減する目的がある。

オフセットピストンの動き（燃焼・爆発時）

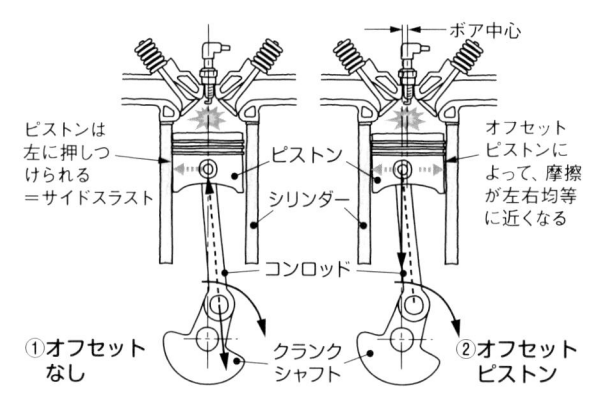

燃焼圧力でクランクシャフトが右回転するとき、コンロッドによってピストンを左に押しつける（サイドスラスト）。ピストンをオフセットさせることにより、摩擦が均等化されることになる。

①オフセットなし
②オフセットピストン

オフセットクランクの動き（燃焼・爆発時）

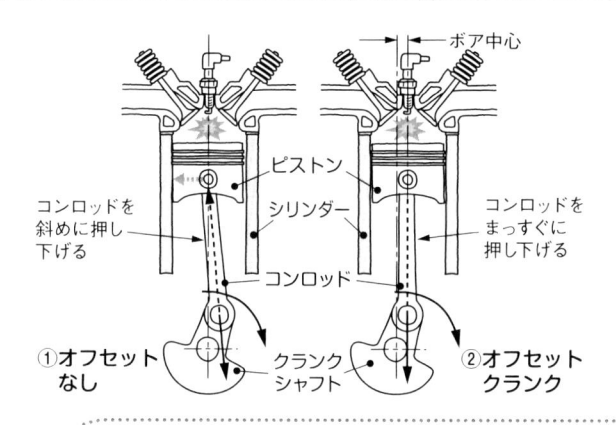

オフセットクランクは、クランクシャフトの中心線をボアの中心線からずらして、そのままではコンロッドを斜めに押し下げるところを、まっすぐに押し下げるようにして、摩擦を軽減する。

①オフセットなし
②オフセットクランク

POINT
- ピストンは、たえずシリンダー内での摩擦にさらされている
- ピストンピンを中心からオフセットさせることにより摩擦を軽減できる
- クランクシャフトの回転中心をずらすことでも、同様の効果が得られる

051

3-4 ピストンリングの必要性

シリンダー内に収まっているピストンを見てみると、3本のリングが装着されています。シリンダーとピストンがあれば上下運動はできそうなものですが、なぜリングがあるのですか？

　ピストンリングは、ピストンの円周に刻まれた溝にはめ込まれています。通常は3本あり、上の2本を**コンプレッションリング**、最下部の1本を**オイルリング**と呼びます（上図）。

◤ピストンリングの役割は気密性の確保とオイルのかき落とし

　上の2本は、圧縮、燃焼の過程で発生するガスが、エンジン内部の余計なところに行かないように気密性を保つ役割を担っています。

　逆に言えば、コンプレッションリングがなければ、十分な圧縮もできず、燃焼行程で発生した圧力を活かしきることができないということになります。コンプレッションリングが通常2本あるのは、二段構えで気密性を保とうという意味で、それだけ重要だということです（下図）。

　オイルリングは、シリンダー内を潤滑しているエンジンオイルが、燃焼室のほうに行かないようにかき落とす役割を担っています。そのため、コンプレッションリングとは異なった構造となっています。

　ピストンリングは、いずれもシリンダー壁に密着していますが、弾性があり、ピストン側の取り付け部とは若干のすき間があります。これにより、**フリクションロス（摩擦による損失）**を最小限にしながら密着する形となっています。

◤ピストンの熱をシリンダー側に伝える役割も重要

　ピストンリングには、これらの役割のほかに、ピストンの熱をシリンダーを通して放熱するという役割もあります。

　燃焼室の一部でもあるピストンヘッドは大変な高熱にさらされるため、冷却水が循環している**シリンダーブロック**側に放熱するというのは、エンジンにとっては非常に重要なことです（36頁参照）。

　コンプレッションリングは、シリンダーと直接接する部品であるため耐摩耗性が高い必要があり、表面をクロームメッキ処理してそれを実現しています。

　エンジンは自動車メーカーがつくるという認識がありますが、ことピストンリングに関しては、高度な技術が必要であり、ピストンリングの専門メーカーも存在しています。

第2章 動力を生み出すエンジンの中心部

ピストンに装着されるピストンリング

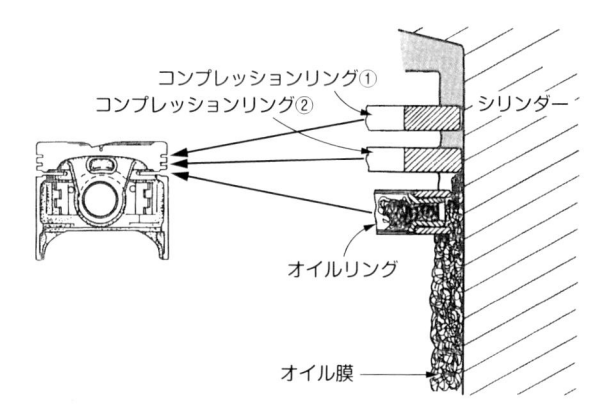

コンプレッションリング①
コンプレッションリング②
シリンダー
オイルリング
オイル膜

上の2つがコンプレッションリングで、気密性を保つ。3つ目がオイルリングで、余分なオイルをかき落とす役割をする。また、ピストンリングはシリンダーと接触することで熱を逃がす役割も担っている。

コンプレッションリングの役割

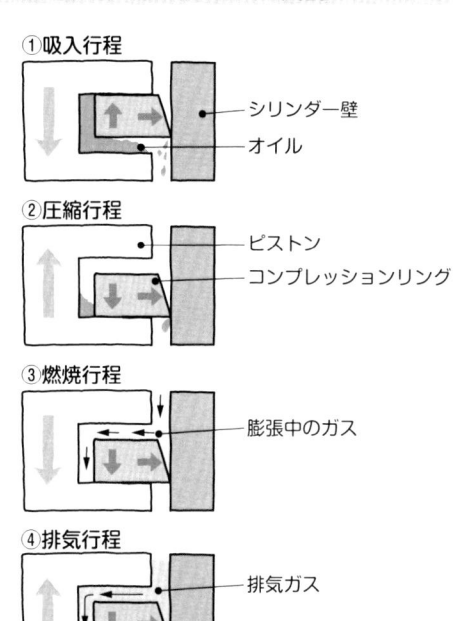

①吸入行程
シリンダー壁
オイル

②圧縮行程
ピストン
コンプレッションリング

③燃焼行程
膨張中のガス

④排気行程
排気ガス

コンプレッションリングは、
①吸入行程ではピストンが下がるので、ピストンの溝の上に密着。燃焼室へのオイルの侵入を防ぐ。
②圧縮行程では、リングは溝の下に密着して混合気の気密性を高める。
③燃焼行程では、ガスによって溝の下と外側に押しつけられ、膨張を助ける。
④排気行程ではピストンが上昇。リングはガスの圧力で下に押しつけられる。

POINT
◎ピストンには2本のコンプレッションリングと1本のオイルリングが装着される
◎コンプレッションリングは、4サイクルの各行程で気密性を高めている
◎オイルリングは、余分なオイルが燃焼室に行かないようにする役割を担う

3-5 フライホイールとバランスウェイトの役割

クランクシャフトのトランスミッション側にはフライホイールが取り付けられていて、クランクシャフトには、バランスウェイトが取り付けられています。ともにかなり重いものですが、なぜ必要なのですか？

クランクシャフトは、その名前のとおりクランク状になっています。4サイクルエンジンでは、クランクシャフトはエンジンから1気筒当たり2回転に1回の膨張力を受けて回転しますが（24頁参照）、その他の圧縮行程や吸入行程、排気行程では、逆に力が必要となります。そのため、回転にはずみをつける**フライホイール**（はずみ車ともいいます）がないと、エンジンはスムーズに回りません（上図①）。

■フライホイールはエンジンの断続的な回転をスムーズにする

エンジンの燃焼による圧力は、ピストンを通して断続的にクランクシャフトに伝えられるため、特に低回転域では不快な振動がエンジンに発生することになります。そこで、フライホイールをクランクシャフトに取り付けることによって、エンジンをスムーズに回転させるわけです（上図②）。

ただし、フライホイールが重いということは、エンジンにとっては負担になります。エンジン回転の素早い上昇を妨げますし、アクセルから足を放しても慣性でそのまま回転しようとします。つまり、アクセルレスポンス（反応）の悪いエンジンとなります。そのため、スポーツカーなどでは低回転でのスムーズさを犠牲にしてでもフライホイールを軽くして、レスポンスを良くしている場合があります。

また、フライホイールの周囲には**リングギヤ**が刻まれていて、これがエンジンを始動する際のスターターモーターとかみ合っています。スターターモーターを回すとフライホイールが回され、ここからエンジンに回転が伝わって始動することができます（上図①、120頁参照）。

■バランスウェイトはピストンピンの反対側に付けられ回転を助ける

クランクシャフトには、ピストンとつながるクランクピンの反対側に**バランスウェイト**を設けて、回転をスムーズにする工夫が凝らされています（下図）。これがないと、ピストン側だけが燃焼圧力を受けてクランクシャフトを回すため、回転が非常にぎくしゃくしたものとなり、振動の問題とともに、エンジン自体にも悪影響を及ぼします。高速で回転するという役割を持ったクランクシャフトには必須の部分です。ただ、「オモリ」であることは事実で、スポーツ走行をねらったエンジンでは、ある程度軽量化する場合もあります。

第2章 動力を生み出すエンジンの中心部

🔧 フライホイールの役割

①フライホイールの位置

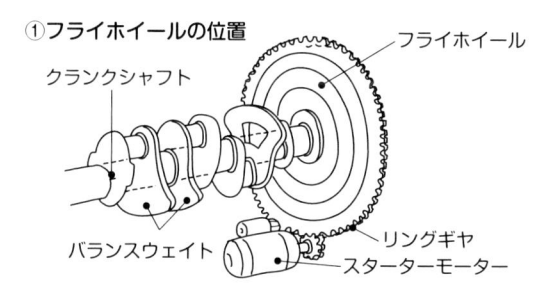

- クランクシャフト
- フライホイール
- バランスウェイト
- リングギヤ
- スターターモーター

フライホイールはクランクシャフトのトランスミッション側にあり、スムーズに回転するための手助けをしている。またスターターモーターとかみ合うリングギヤを兼ねている。

②フライホイールの作動イメージ

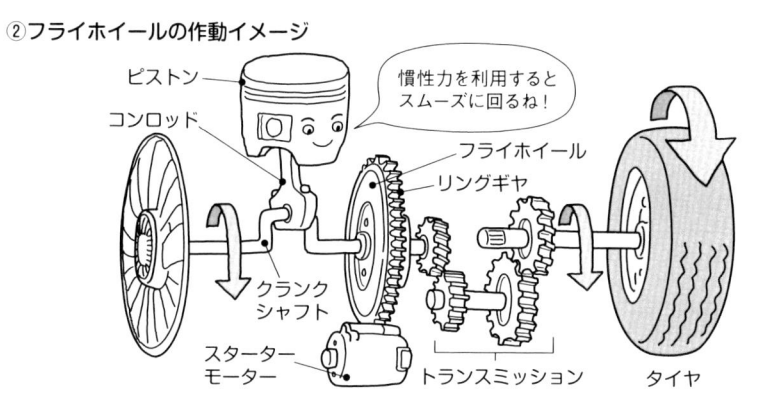

- ピストン
- コンロッド
- フライホイール
- リングギヤ
- クランクシャフト
- スターターモーター
- トランスミッション
- タイヤ

「慣性力を利用するとスムーズに回るね！」

🔧 バランスウェイトの役割

バランスウェイトは、クランクピンの反対側に付けられていて、クランクシャフトの回転がぎくしゃくしないようにしている。重量とバランスの兼ね合いも重要になる。

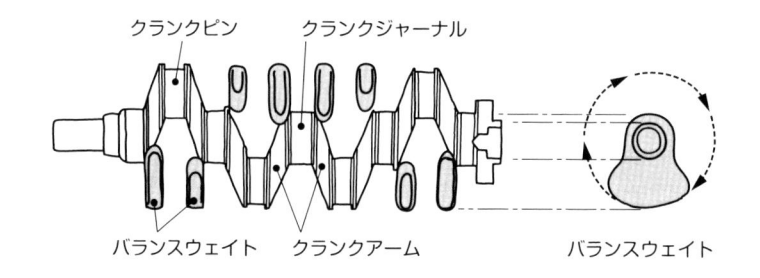

- クランクピン
- クランクジャーナル
- バランスウェイト
- クランクアーム
- バランスウェイト

POINT
- ◎フライホイールは、エンジンがスムーズに回るためのはずみ車の役割をしている
- ◎重すぎるフライホイールは、エンジンのレスポンスをスポイルすることもある
- ◎バランスウェイトがあることにより、クランクシャフトがスムーズに回る

COLUMN 2

進化した燃料噴射装置で
ディーゼルとガソリンを近づける?

　最近のエンジンは、**ガソリンエンジン**の**圧縮比**が上がる方向である一方、ディーゼルエンジンのそれは下がる傾向になっています。マツダのスカイアクティブ-G、スカイアクティブ-Dなどを見るとそれがよく現れています。

　ガソリンエンジンの圧縮比は11程度でしたが、これを14としたものも登場しました。圧縮比を上げれば燃焼効率が良くなります。ただし、圧縮比が高い状態で**混合気**を圧縮すると、**ノッキング**が起きてエンジンに負担を与えるのがネックとなっていました。

　圧縮比を上げることが可能になったのは、複合的な技術によってです。精密に混合気をコントロールし、ノッキングの抑制をする**筒内直噴**のマルチホールインジェクター（156頁参照）、排出ガスの一部を冷却して吸気系に戻すクールド**EGR**などがノッキングの抑制に役立っています（94頁参照）。

　一方、ディーゼルは高圧縮比に耐えるために、丈夫で重い部品が必要なため振動や騒音に悩まされるのがネックといえました。また、アクセルと燃料噴射が直結している構造のため、高負荷では燃料過多で**PM**（スス）が出やすく、高圧縮のために燃焼温度が上がれば**NOx**が発生しやすくなります。

　低圧縮にすれば問題が解決するのはわかっていましたが、**スパークプラグ**がありませんから、低温時に圧縮温度が下がると始動性が悪くなったり、暖気中の圧縮温度や**燃焼圧力**不足によって半失火が起きてしまうことが問題でした。

　これらに対して、ピエゾ式インジェクター（156頁参照）を採用することにより、燃料の噴射パターンを多彩化することや噴射量とタイミングの精密化をすることで混合気の濃度の制御を高めるなど改善を図っています。

　現在のディーゼルエンジンはとても静かですし、言われなければガソリン車との違いに気がつかないかもしれません。一昔前だと頑丈だけれど鈍重というイメージでしたが、ルマン24時間レースではアウディがディーゼルハイブリッドエンジンで連勝するなど、"負のイメージ"を払拭しつつあります。

第3章
性能に直結する
エンジンの心臓部

Core of the engine
connected with performance

1. 吸排気バルブの役割

1-1 吸排気バルブのしくみ

吸入、圧縮、燃焼、排気の4行程は、吸気バルブ、排気バルブが開閉することで可能になることはわかりました。これら「吸排気バルブ」には、それぞれどのような違いがあるのですか？

エンジンがパワーを発揮する第一歩は、まずシリンダー内部に空気を取り入れることです。また、燃焼ガス（排気ガス）をしっかり排出することが、十分な吸入の前提でもあります。**吸排気バルブ**は、空気の出入口である吸排気ポートにあります（35頁上図参照）。

■吸気バルブ、排気バルブとも形は似ているが細部に違いがある

吸気バルブ、排気バルブともに上図のようなきのこ状の形態をしています。棒状の部分を**バルブステム**と呼び、その先にバルブ傘部があります。吸気バルブ、排気バルブとも見た目に大きな違いはありませんが、つくりは用途に合わせて異なっています。

吸排気バルブは、燃焼室のフタとなっていることから耐熱性が求められます。特にバルブシートと密着する**バルブフェース**は耐熱性と耐摩耗性が求められる部分です。燃焼行程の火炎の温度は2000℃以上になり、燃焼後の排気ガスの通り道となる排気バルブは800℃以上になるので、高い耐熱性が求められます。空気を取り入れる側の吸気バルブでも300℃以上になるので、耐熱性は必要です。

■吸気バルブを大きくしてより多くの混合気を取り入れる

吸気バルブは、より多くの空気を取り入れることが必要とされます。そのため、かつては高性能エンジンの吸気バルブは、傘径を大きくしたもの（ビッグバルブ）が求められました。ただ62頁で解説するように、現在は4バルブエンジンが多くなり、吸気バルブ2つ、排気バルブ2つとなっているため、かつてほど大きさが重視されることはなくなりました。

一般的には、吸気バルブの傘径を100とすると、**排気バルブ**のそれは75から85程度の大きさになっています。それはもともと圧力の高い燃焼ガスが排気ポートから吹き出していくので、吸気よりも少なくていいという理由からです。

また、吸気バルブは吸気抵抗をできるだけ小さくするために、傘の付け根のバルブステムを細くしています。一方、排気バルブはバルブステムの付け根を太くして耐熱性を上げると同時に、バルブの周りに熱が逃げやすいようにしています（中図）。

そのほか、バルブにはいろいろな工夫がされています（下図）。

第3章 性能に直結するエンジンの心臓部

🔧 バルブの形と各部の名称

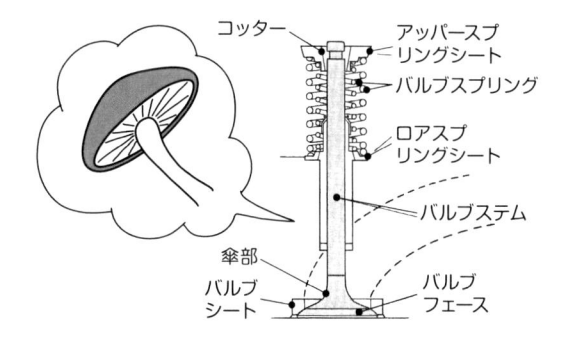

- コッター
- アッパースプリングシート
- バルブスプリング
- ロアスプリングシート
- バルブステム
- 傘部
- バルブシート
- バルブフェース

グレーの部分がバルブ。バルブステム、バルブフェース、傘部などから構成される。きのこを逆さまにしたような形をしている。

🔧 吸気バルブ、排気バルブに求められる性能

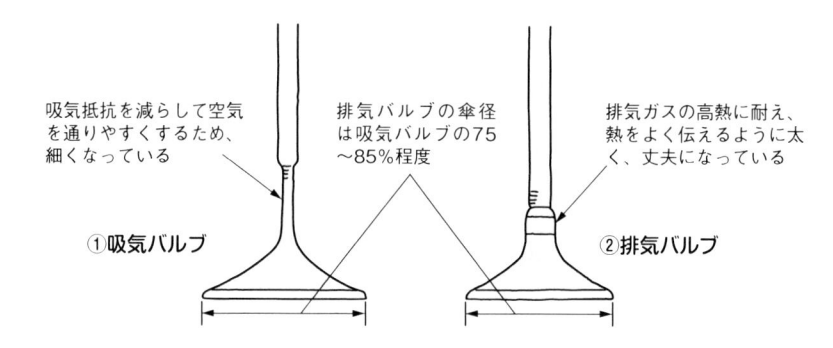

①吸気バルブ
吸気抵抗を減らして空気を通りやすくするため、細くなっている

排気バルブの傘径は吸気バルブの75〜85%程度

②排気バルブ
排気ガスの高熱に耐え、熱をよく伝えるように太く、丈夫になっている

🔧 排気バルブの工夫

- シリンダーヘッドへ
- バルブガイド
- バルブステム

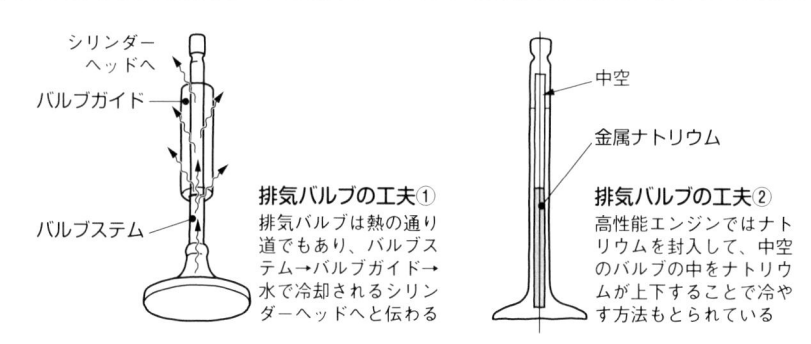

排気バルブの工夫①
排気バルブは熱の通り道でもあり、バルブステム→バルブガイド→水で冷却されるシリンダーヘッドへと伝わる

- 中空
- 金属ナトリウム

排気バルブの工夫②
高性能エンジンではナトリウムを封入して、中空のバルブの中をナトリウムが上下することで冷やす方法もとられている

POINT
- ◎吸排気バルブはきのこの傘と茎のような形をしているが、役割は微妙に違う
- ◎吸気バルブはバルブステムの付け根が細く、空気の流れを助長する
- ◎排気バルブは、排出される高熱ガスに対応するために丈夫さが求められる

1-2 バルブスプリングの工夫

吸排気バルブの開閉は、カムシャフトが回転することで行なわれ、特にバルブが閉じる動作はバルブスプリングによっているといいます。この部分には、どのような工夫がされているのですか？

　バルブは、**カムシャフト**によって押されることで開きますが、そのあと閉じなければなりません。その力は、**バルブスプリング**によって生まれています。**カム山**がバルブを押し、スプリングがバルブを引き上げることの連続で**吸排気バルブ**は作動しているわけです（上左図）。

▍高回転型エンジンの場合は強いバルブスプリングが必要

　バルブスプリングに求められるのは、カムの動きに確実に追従することです。そのためには、適切な強さのバルブスプリングが必要になります。

　一般に高回転が可能なエンジンのほうが強いスプリングを使うことになります。これはエンジンが高回転になったときに、スプリングの伸縮がカムの回転に追いつかなくなり、バルブが正規の動きをしなくなるからです。高回転では、スプリングが共振を起こす**バルブサージング**の恐れもあり、最悪の場合はバルブやバルブシート、バルブスプリングが破損します（上右図）。

　ただし、強すぎるスプリングは**フリクションロス**（**摩擦による損失**）になります。また、カム山の摩耗にもつながり、良いことはありません。

▍バルブサージングを防ぐために二重のバルブスプリングを使う

　バルブサージングを避ける手段として、アウターとインナーの二重のバルブスプリングを使用する方法があります。固有振動数（振動体が示す固有の振動数）の違う2つのスプリングを用いることで共振を避けるわけです（下図①）。

　また、**不等ピッチバルブスプリング**を使用するのもバルブサージングを防ぐためです。通常のスプリングはコイルの巻間隔が均等ですが、このスプリングは動きが速くなるとスプリングレート（スプリングの硬さ、反発力の強さを表す）が高くなり、バルブサージングを防ぐことになります（下図②）。

　特殊ではありますが、毎分1万回転以上まで回すF1マシンのエンジンでは、スプリングを使用した際のサージングやバルブの破損を防ぐために、圧縮エアをバルブスプリングの変わりに使用したことがあります。

　この部分はエンジンにとっては重要な課題であり、これからもさまざまな試みが行なわれていくと考えられます。

第3章 性能に直結するエンジンの心臓部

✪ バルブとバルブスプリングの関係

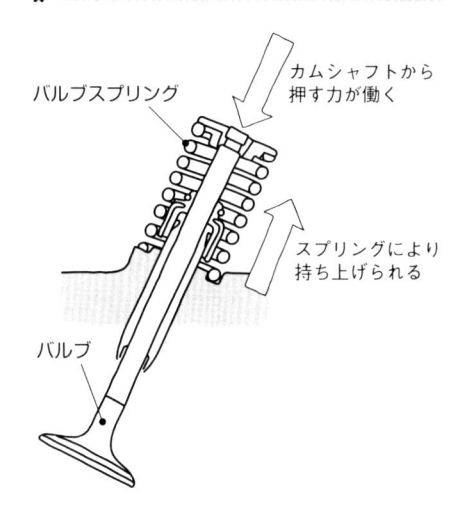

- バルブスプリング
- カムシャフトから押す力が働く
- スプリングにより持ち上げられる
- バルブ

✪ バルブサージング

バルブサージングは、高回転になったときにバルブスプリングが共振してしまい、カムの動きに追いつけなくなる現象。

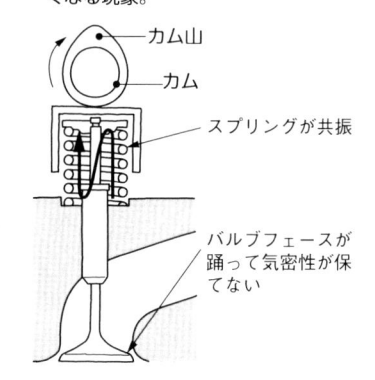

- カム山
- カム
- スプリングが共振
- バルブフェースが踊って気密性が保てない

✪ バルブサージングを防ぐ手段

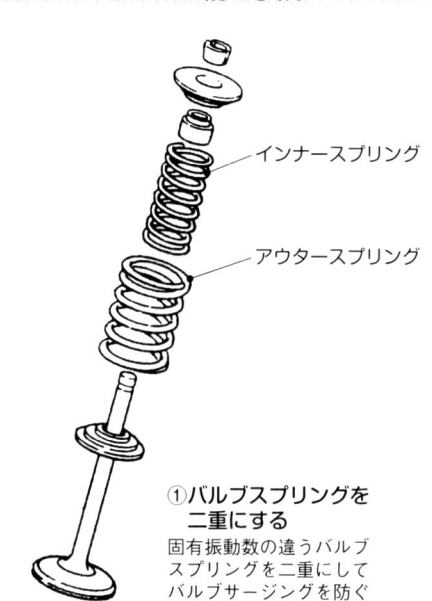

- インナースプリング
- アウタースプリング

①バルブスプリングを二重にする
固有振動数の違うバルブスプリングを二重にしてバルブサージングを防ぐ

- ピッチ(幅)が広い
- ピッチが狭い

②不等ピッチバルブスプリング
不等ピッチのバルブスプリングは、伸縮によってばねレートが変わり、バルブサージングを低減する

POINT
- ◎バルブをバルブシートに密着させるのがバルブスプリング
- ◎「カムが押すこと」+「バルブスプリングの張力」でバルブは作動する
- ◎バルブスプリングは、バルブサージングを防ぐための工夫がされている

1-3 2バルブと4バルブの違い

自動車雑誌やカタログなどを見ると、「4バルブエンジン」だとか「DOHC16バルブ」などという表記が目につきますが、これらはどんなことを意味しているのですか?

　エンジンが動くためには吸気と排気が必要ですから、基本的にはそれぞれ1つの通り道（吸気ポート、排気ポート）があれば用をなします。
　2バルブエンジンとは、そのフタをする**吸気バルブ**が1つ、**排気バルブ**が1つの合計2つあるということで、正確には1気筒あたり2バルブエンジンという意味です。長年、2バルブエンジンがふつうのエンジンでしたし、実用的には十分な性能を発揮します（上図①）。

▆ バルブの面積を大きくするよりも数を多くしたほうが効率的

　ただ、高性能を目指してより多くの吸気をしようと考えると、それでは不満な面も出てきました。そこで、エンジンをDOHC化して**プラグホール**を**燃焼室**の頂点にもってきて効率の良い形とし、**バルブ径**を大きくする手段が取られました（38、70頁参照）。

　しかし、そうすると今度はバルブが重くなり、燃焼室の表面積も大きくなってしまうためコンパクトにすることができず、ベターではあってもベストの方法とはいえません。そこで、バルブ径を大きくするのではなく、数を増やすことで解決したのが**4バルブエンジン**です（上図②）。これも1気筒あたり4バルブという意味になります。吸気バルブが2つ、排気バルブが2つですから、前述のDOHC16バルブは、1気筒あたり4バルブ×4気筒で16バルブということになります。

▆ 3バルブエンジンや5バルブエンジンもある

　エンジンのバルブ数は2バルブ、4バルブだけではありません。現在はあまり見なくなりましたが3バルブエンジンもあります（下図①）。これは吸気バルブを2つ、排気バルブを1つとしたもので、吸気を多くし、排気は高圧となったガスが自ら出て行くので1つでいいという考え方です。OHCエンジンに採用されましたが、スパークプラグの位置が中心にできないなどの理由で姿を消しました（70頁参照）。

　技術を競うF1などでは、5バルブエンジンも試みられました（下図②）。これは、吸気が3バルブ、排気が2バルブとなっていましたが、従来の4バルブエンジンに対してそれほどの優位性は示せませんでした。先進的でこれから発展する可能性はありますが、現状では4バルブで十分ということを証明したともいえるでしょう。

第3章 性能に直結するエンジンの心臓部

2バルブと4バルブ

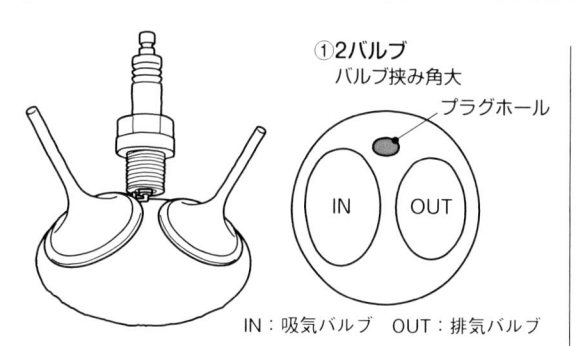

①2バルブ
バルブ挟み角大
プラグホール

IN：吸気バルブ　OUT：排気バルブ

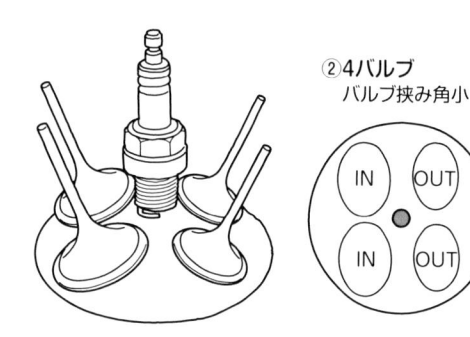

②4バルブ
バルブ挟み角小

<バルブ挟み角>

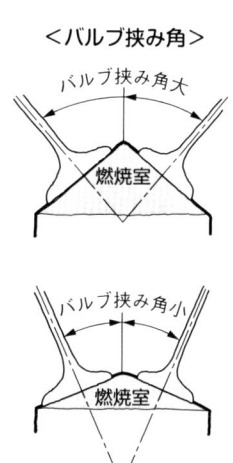

バルブ挟み角大
燃焼室

バルブ挟み角小
燃焼室

通常エンジンは1気筒あたり吸気、排気の2つのバルブがあれば十分。ただ高回転型にするには、バルブ数を1気筒あたり4つにすれば吸排気効率が上がり、バルブ挟み角を小さくして燃焼室もコンパクトにできるメリットがある。

3バルブと5バルブ

バリエーションとしては、3バルブエンジン、5バルブエンジンもある。3バルブはスパークプラグが中心に来ないという欠点があり姿を消した。5バルブは機構が複雑になる。

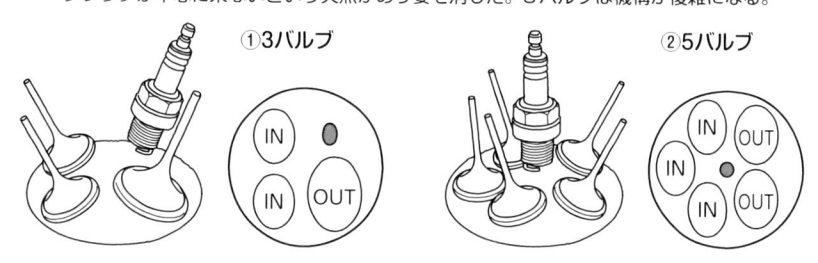

①3バルブ

②5バルブ

POINT
- ◎日常的に使用するエンジンであれば2バルブが基本
- ◎より高い吸排気効率を求めると、4バルブが適している
- ◎4バルブにすると、燃焼室をコンパクトにできるメリットもある

063

1-4 カムの形状とカムリフト量

吸排気バルブは、カムシャフトに設けられたカム山によって開閉されるため、その形状次第でエンジンの性格が変わってくるといいます。この両者には、どのような関係があるのですか？

カムシャフトは棒状のパーツで、そこにバルブを駆動するための**カム山**が形成されます。次項で解説するように、バルブの頭を直接押す直動式や、ロッカーアームやスイングアームを中間に介した方式などがありますが、いずれにしてもカム山がバルブを押すことは共通しています。

このカム山の形状（**カムプロフィール**）によってエンジンの特性が変わってきます。カム山が低ければ、バルブは小さく開き（**カムリフト量＝小**）、カム山が高ければ、バルブが大きく開きます（**カムリフト量＝大**）。ということは、カム山が高いほうが多くの混合気がエンジン内に入ってくるというわけです。

また、カム山の高さだけでなく**作動角**も重要になってきます。カム山が高い部分を多くすれば、長い間バルブが開くことになり、この部分でも吸気量をコントロールすることができます（上図）。

■カム山が高いほうがいいとは限らない

72頁で解説するバルブタイミングや点火タイミングの問題も関係してきますが、基本的には吸気、排気の両方とも、バルブが大きく開いたほうがより多くの空気（混合気）を吸入し、燃焼ガスを排気できるので、ハイパワーが望めます。

では、カム山が高い（**ハイカム**）ほうが絶対いいのかというと、そう簡単でもありません。たしかに自動車レースのように、つねにエンジンの高回転域を使っている分には良い面が多いのですが、日常的に使う乗用車では、エンジンの高回転域を使うことはまれです。

低中速がメインになる乗用車のエンジンにハイカムを組むと、吸入、圧縮の過程で大きく開いたバルブから混合気が逃げて、かえって燃焼効率が悪くなり、低中速域のトルクがない乗りづらいエンジンとなってしまいます。

■日常的に使用する乗用車では「ほどほど」のカム山がいい

したがって、市販の乗用車では「適度」なところを見つけ、使用用途に合わせてフレキシブルな特性を持つエンジンにしているといえます（下図）。

現在では、回転数によってカムを切り替える可変バルブタイミングリフトなどの機構が見られますが、これについては74頁で解説します。

第3章 性能に直結するエンジンの心臓部

カムの形状とバルブの開閉量、開閉時間

カムシャフトにはカム山がつくられ、そのカムリフト量とカム作動角に合わせて吸排気バルブの開閉量、開閉時間が異なってくる。これによりエンジン特性に違いが出る。

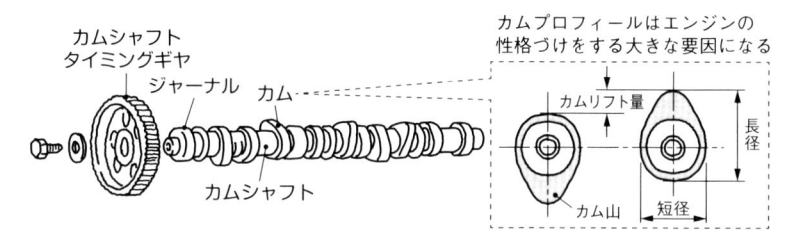

カムプロフィールはエンジンの性格づけをする大きな要因になる

カムシャフトタイミングギヤ
ジャーナル
カム
カムシャフト
カムリフト量
長径
短径
カム山

①同じリフト量で作動角が違う場合
リフト量同じ
作動角大（高回転型）
作動角小（トルク型）
同じリフト量なら作動角の大きいほうが吸入量は多い

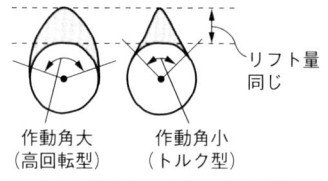

②同じ作動角でリフト量が違う場合
リフト量小（トルク型）
リフト量大（高回転型）
作動角は同じ
同じ作動角ならリフト量の大きいほうが吸入量は多い

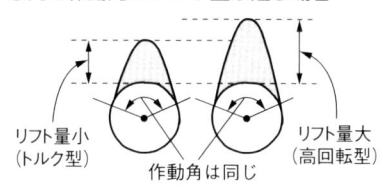

※極端な例を示しています

普通のカムとハイカムの作動イメージ

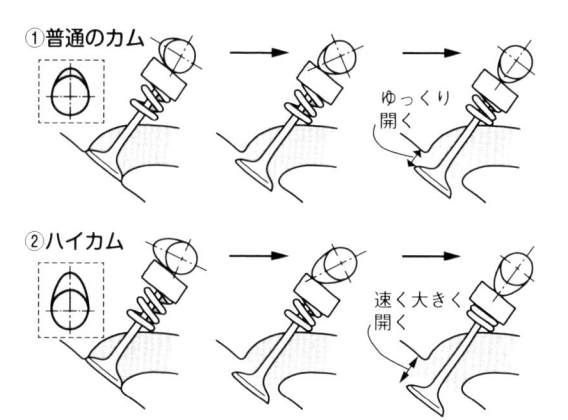

①普通のカム
ゆっくり開く

②ハイカム
速く大きく開く

普通のカム（低中速を重視したカム）の場合は、カム山が低いためにバルブがゆっくり小さく開く。一方、高回転型のハイカムではバルブが速く大きく開いて、吸排気効率をアップしている。

POINT
◎カムシャフトのカム山が、バルブの開閉量と開閉時間を決める
◎低中速回転を重視したカムシャフトは、カム山が低くなっている
◎高回転を追求したカムシャフトには、ハイカムが使用される

2. 吸排気バルブの駆動方式

2-1 カムシャフトが回転する理由

カムシャフトのカム山がバルブを押し、カム山の部分を過ぎればバルブスプリングがもとの位置に戻すということはわかりました。その要となるカムシャフトはどのようにして回転するのですか？

これまで、**吸排気バルブはカムシャフト**が回転することによって動くと解説してきましたが、カムシャフトは単独で回転できるわけではありません。

じつは、その力も**燃焼室**で生まれた**燃焼圧力**がもとで、ピストンが上下することからはじまっているのです。

▰カムシャフトの回転はクランクシャフトの回転と同期している

ピストンがコンロッドを介してクランクシャフトを回転させているのは前述のとおりです（46頁参照）。クランクシャフトは、直接的にはトランスミッションにつながり、ファイナルギヤ（ディファレンシャル）で減速されて駆動輪を回転させますが（13頁上図参照）、それと同時に、タイミングベルトやタイミングチェーンを通してカムシャフトも回転させています（図①②）。

つまり、一旦エンジンが動きはじめると、エンジンの各部がすべて連携して、エンジンのサイクル（循環）が可能になっているといえます。

もう少し詳しく見ていきましょう。

4サイクルエンジンは吸入と圧縮、燃焼と排気というピストン2往復の行程で2回転することになります（24頁参照）。

一方、吸排気バルブは圧縮と燃焼のときには閉じたままでいいので、カムシャフトは1回転すればいいことになります。そのため、**クランクシャフト**の回転は、カムシャフトについたギヤ（**タイミングギヤ**）によって減速され、クランクシャフト2回転につき1回転となります。

▰タイミングベルト、タイミングチェーンの重要な役割

クランクシャフトとカムシャフトを連動させているのが**タイミングベルト**です。**タイミングチェーン**もありますが、金属製のために騒音が大きくなりがちです。その点、ベルトなら静かで耐久性も事実上問題がないため、主流となっていました。ただ現在では、静粛性の上がったチェーンに回帰しています。

このタイミングベルトやタイミングチェーンがクランクシャフト側のギヤとカムシャフト側のギヤをつなげることによって、カムシャフトを回転し、バルブを開閉させているわけです。

第3章 性能に直結するエンジンの心臓部

カムシャフトの駆動

①は2本のカムシャフトを用いて、1本が吸気バルブ、1本が排気バルブを動かすDOHC（ダブルオーバーヘッドカムシャフト）、②は1本のカムシャフトで吸排気バルブを動かすSOHC（シングルオーバーヘッドカムシャフト）(70頁参照)。どちらもタイミングベルトによって、クランクシャフトからカムシャフトへ動力が伝えられている。クランクシャフトが2回転する間にカムシャフトのタイミングギヤが1回転するようになっている。

①DOHCのカムの駆動

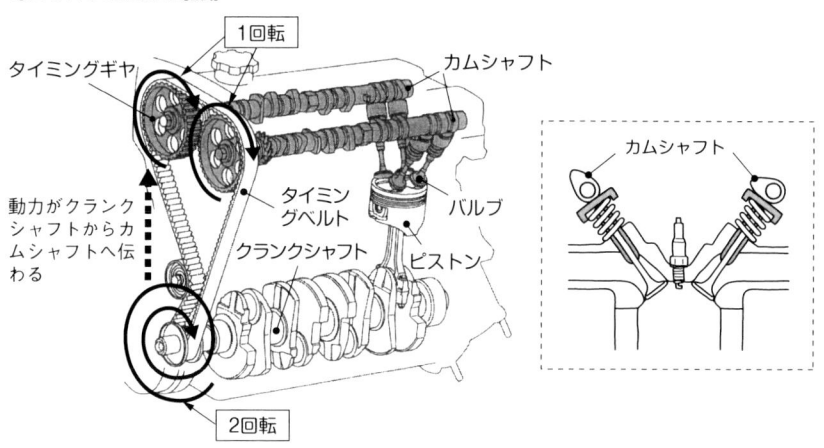

- タイミングギヤ
- 1回転
- カムシャフト
- 動力がクランクシャフトからカムシャフトへ伝わる
- タイミングベルト
- クランクシャフト
- バルブ
- ピストン
- 2回転

②SOHCのカムの駆動

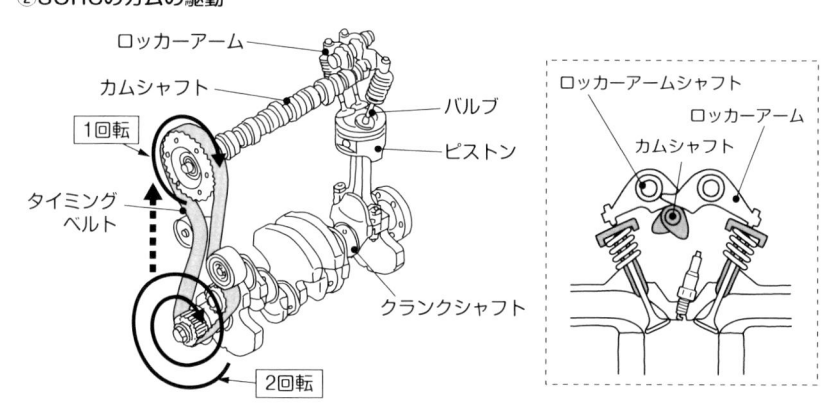

- ロッカーアーム
- カムシャフト
- 1回転
- バルブ
- ピストン
- タイミングベルト
- クランクシャフト
- 2回転
- ロッカーアームシャフト
- ロッカーアーム
- カムシャフト

POINT
◎カムシャフトの回転は、クランクシャフトの回転から取り出されている
◎クランクシャフトが2回転する間にカムシャフトは1回転する
◎タイミングベルト、タイミングチェーンが連動の要となっている

2-2 バルブ駆動方式の種類（その1）

カムシャフトが回転するしくみについてはわかりましたが、カムシャフトの位置や本数によってバルブの駆動方式にも種類があります。旧いクルマに使われていたというSVやOHVとはどんな方式なのですか？

戦前の4サイクルエンジンは、**サイドバルブ（SV）**という方式が主流でした。この**バルブ駆動方式**は、現在のエンジンのバルブがオーバーヘッド（シリンダーの上）にあるのに対して、シリンダーのサイドにありました（上図）。こうすると、**シリンダーヘッドに必要なのはプラグホールのみ**となり、シンプルな機構となります。

■シンプルで丈夫だが、燃焼で不利なSVエンジン

SVエンジンの場合、バルブはクランクシャフトの近くに装着された**カムシャフト**によって駆動されます。ただし、吸排気の行程が**燃焼室の上ではなく、横から行なわれる**ことになりますし、燃焼室の形も横に長くなってしまうため、表面積が増え**圧縮比を上げることができません**（40頁参照）。

エンジン回転数も上限が4000rpm程度（現在は一般的に約7000rpm）で、性能はどうしても低いものとなってしまいます。

ただ、構造がシンプルなだけに耐久性はあります。そのため、自動車ではなく汎用エンジン（各種作業機に搭載されるエンジン）としては、近年まで製造されてきました。

■OHVエンジンはSOHCにかなり近いエンジン

SVの欠点を解決するために**OHV**エンジンが生まれました。OHVとは**オーバーヘッドバルブ**のことで、**吸排気バルブが燃焼室の上に装着されます**。ただし、クランクシャフトの近くのカムが直接バルブを動かすのではなく、長い**プッシュロッド**を介することでシリンダーヘッドのバルブを動かすものとなりました（下図）。

構造的にはSVをベースにして吸排気バルブをシリンダーヘッドに持ってきたといえるでしょう。これによって、燃焼室をコンパクトにすることができ、圧縮比を上げてパワーを発揮できるようになりました。この機構は現在でも大排気量のアメリカ車などで見ることができます。

OHVはそれなりの性能を発揮しますが、やはりプッシュロッドという仲介物があるために、高回転型のエンジンに適しているとは言えません。次項で解説する**SOHCエンジン**（シングルオーバーヘッドカムシャフト：カムシャフトがシリンダーヘッドにある）が普及してくるにつれて、OHVは姿を消していきました。

第3章 性能に直結するエンジンの心臓部

⚙ SVエンジンの構造

SVエンジンは、1950年代くらいまでの自動車では主流の方式だった。シリンダーヘッドにはスパークプラグしかなく、シンプルな構造。

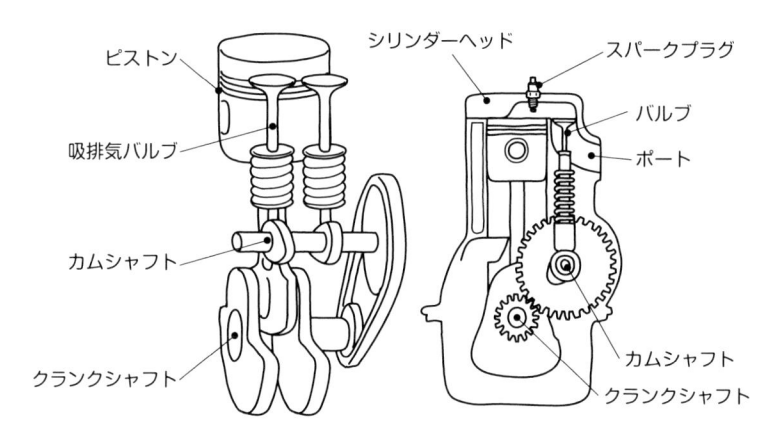

ピストン
シリンダーヘッド
スパークプラグ
吸排気バルブ
バルブ
ポート
カムシャフト
クランクシャフト
カムシャフト
クランクシャフト

⚙ OHVエンジンの構造

OHVはカムシャフトからプッシュロッドを介してシリンダーヘッドの吸排気バルブを駆動する方式。SVからの進化系で、SOHCエンジンに近いものとなった。ただ、高回転になると、プッシュロッドがついてこれない場合もある。

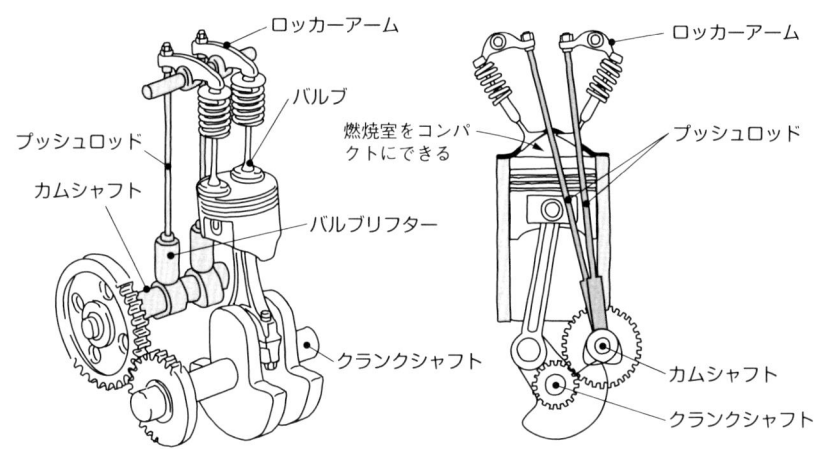

ロッカーアーム
ロッカーアーム
バルブ
プッシュロッド
燃焼室をコンパクトにできる
プッシュロッド
カムシャフト
バルブリフター
クランクシャフト
カムシャフト
クランクシャフト

POINT
◎SVエンジンは、シンプルで耐久性があるが、高性能化できない
◎OHVエンジンは、SVとSOHCの中間的な構造を持つ
◎SOHCの普及につれて、SV、OHVとも姿を消していった

2-3 バルブ駆動方式の種類（その2）

現在のクルマのエンジンはほとんどがDOHCです。高性能の代名詞のようにいわれてきた形式が当たり前になったわけですが、SOHCはもはや過去のもので、DOHCに比べて圧倒的に劣っているのですか？

67頁の図のように、**カムシャフト1本で吸排気バルブ**を動かすのがSOHC（OHC）、2本あって1本が吸気、1本が排気バルブを動かすのがDOHC（ダブルオーバーヘッドカムシャフト）です。たしかにDOHCは**燃焼室の形状**の最適化や4バルブ化などが可能で、高性能を発揮できる潜在能力があります。

◾ DOHCはその特性を十分に活かしてこそ高性能となる

しかし、必ずしもDOHCがSOHCよりも高性能とは言い切れません。燃焼室の形状と4バルブ化による吸排気効率の高さがメリットなので、ポイントはそれを活かしているかどうかです。極端な例をあげると、DOHCでも1気筒あたり2バルブであったり、圧縮比が低かったりすれば、高性能でないこともありえます。実際、ただDOHCというだけで、性能的にSOHCと大差がないエンジンも存在しました。

DOHCにはデメリットもあります。まず、**シリンダーヘッド**の構造が複雑になることがあげられます（上図①）。また、エンジンはクルマ全体で考える必要もあり、エンジンが重いということは、当然車重も増えることになります。

特にシリンダーヘッドの重量が増えるということは、エンジンの上部が重くなるということですから、クルマの**重心**が高くなって、操縦性にも良い影響を与えません。逆にいえばSOHCは軽量シンプルなので、クルマ全体で考えた場合はいい面もあります（下図）。ただし、**スパークプラグ**の位置が燃焼室の中心に来ないので、理想の燃焼とならないデメリットもあります（上図②）。

◾ エンジンの性能はカムシャフトの本数だけでは決められない

SOHCエンジンでも、圧縮比を上げて吸排気ポートの形状を最適なものとし、ピストン、コンロッド、クランクシャフトの重量を見直してやれば、DOHCエンジンよりも高性能になる可能性もあります。

またこれは次項で解説するバルブタイミングとも大きく関わってきますが、DOHCかSOHCかよりも、エンジンの吸気、排気のタイミング、さらにはスパークプラグの点火時期などを最適化させることのほうが重要になる場合もあります。

現在DOHCエンジンが多くなったのは、SOHCと分けて2種類のエンジンをつくるよりも生産コストが安くなるから、という側面もあります。

第3章 性能に直結するエンジンの心臓部

DOHCとSOHCの構造の違い

DOHCは2本のカムシャフトで吸排気バルブを駆動するため、スパークプラグが燃焼室の中心となり、高性能化しやすい反面、複雑になる。SOHCは1本のカムシャフトで吸排気バルブを駆動するためシンプルだが、スパークプラグが中心に来ない。

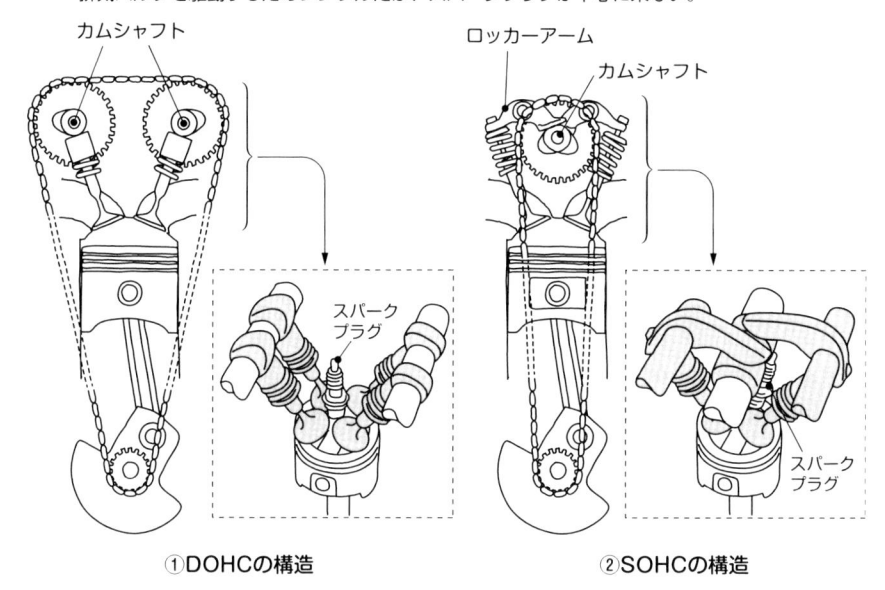

①DOHCの構造

②SOHCの構造

エンジンの重量と走行性能

DOHCエンジンは高性能化できる半面、特にシリンダーヘッドが重くなりやすい。そのため、エンジン単体ではなくクルマ全体を考えた場合、シリンダーヘッドを含めて軽量エンジンとなるSOHCのほうが走行性能が高くなることもありうる。

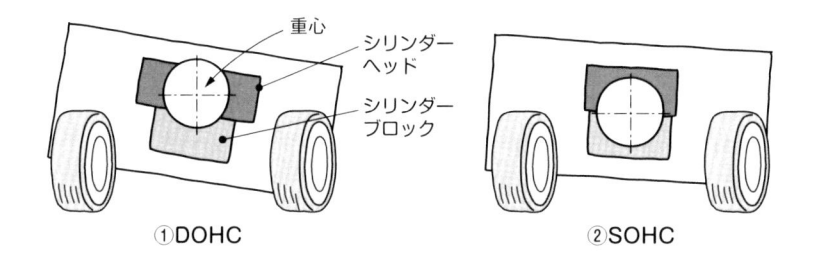

①DOHC

②SOHC

POINT
- ◎DOHCは、SOHCよりも高性能になる可能性が高い
- ◎SOHCも設計によっては高性能を発揮することができる
- ◎クルマ全体として考えると、エンジンが軽くなるSOHCにもメリットはある

3. 吸排気バルブの動きとエンジン性能

3-1 バルブタイミングの重要性

エンジン性能は、構造による部分もあるでしょうが、その性能を活かすにはバルブタイミングが重要だといわれます。「バルブタイミング」とはどのようなもので、なぜ重要なのでしょうか？

バルブタイミングとは、簡単にいえば「吸排気バルブを開いたり閉じたりするタイミング」ということになります。

上図でバルブの開閉について確認してください。燃焼行程が終わり、**ピストンが下死点**に来たときに**排気バルブ**が開き、ピストンが上昇するとともに**燃焼ガス**が追い出されます。続いてピストンが**上死点**に来たときに排気バルブが閉じ、同時に**吸気バルブ**が開いて混合気が入ってきます。そして、ピストンが下死点に来たときに吸気バルブが閉じられます。その後、圧縮・燃焼という行程を迎えます。

◤吸気バルブを開いても、混合気が入ってくるには時間がかかる

しかし、これはエンジンが低回転のときには通用しますが、それ以外では現実的ではありません。というのは、空気にも質量があるため、**混合気**はバルブを開けば一気に**燃焼室**に入ってくるわけではないからです。エンジン回転が高くなると、ピストンが上死点に来てから吸気バルブを開いたのでは十分な吸気ができません。

そのため、吸気バルブは排気行程の終わり近くの、ピストンが上死点に来る少し前に開きはじめます。そうすることによって、ピストンが下がりはじめると同時に混合気が流れ込んできます（中図）。排気バルブも同様に、ピストンが上死点を過ぎても少しの間開いています。こうすることで、燃焼ガスの高い圧力が出て行く力を利用して吸気を効率よくできるからです。

◤吸排気バルブの両方が開くバルブオーバーラップ

となると、排気行程の終わり近くと、吸入行程がはじまってから吸排気バルブの両方が開いている時間ができるわけで、これを**バルブオーバーラップ**と呼んでいます（下図）。

これにより、燃焼ガスが排出される勢いを使って、混合気が燃焼室に引き込まれる効果を期待できます。吸排気効率が上がるので、基本的に高回転型のエンジンはバルブオーバーラップを大きくとります。デメリットとしては、ガソリンと空気の混合が不十分になり、低回転域でエンジン回転が不安定になることなどです。

バルブオーバーラップをどう設定するかがエンジンの性格を左右しますが、前述したようにバルブのリフト量やタイミングを決めるのは**カム山**の形です（64頁参照）。

第3章 性能に直結するエンジンの心臓部

4サイクルエンジンの4行程とバルブの動き

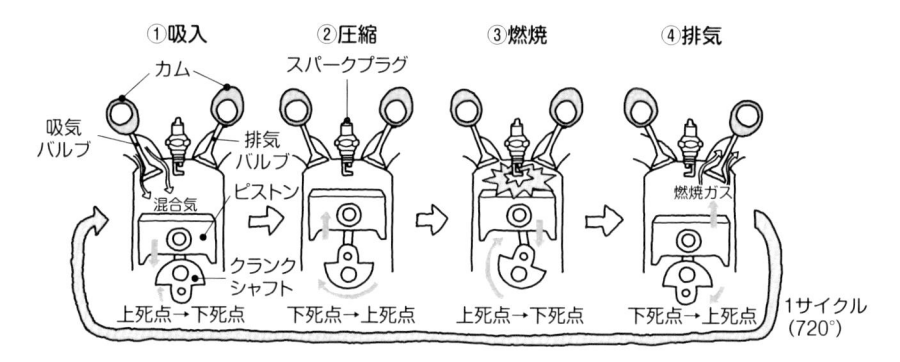

①吸入 → ②圧縮 → ③燃焼 → ④排気

カム、吸気バルブ、スパークプラグ、排気バルブ、混合気、ピストン、クランクシャフト、燃焼ガス

上死点→下死点 / 下死点→上死点 / 上死点→下死点 / 下死点→上死点

1サイクル(720°)

吸気バルブを早く開く効果

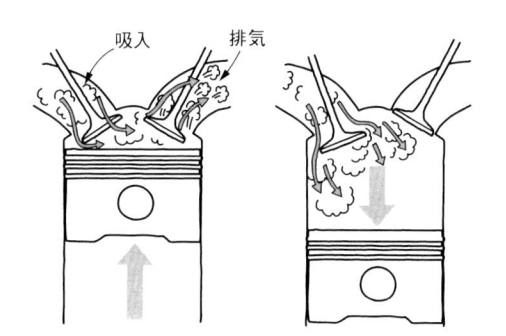

吸入　排気

排気行程の終わりに吸気バルブが開きはじめると、燃焼ガスが排気ポートへ排出される勢いを利用して、混合気が吸入される量が増える(左)。また、排気バルブが閉じて吸入行程に入った際に、より効率良く吸気ができる。

バルブタイミングダイヤグラム

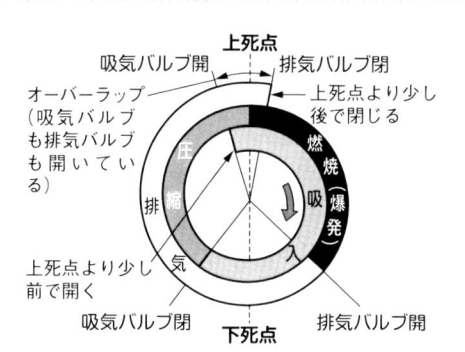

上死点
吸気バルブ開　　排気バルブ閉
オーバーラップ（吸気バルブも排気バルブも開いている）
上死点より少し後で閉じる
圧縮　燃焼(爆発)
排気　吸入
上死点より少し前で開く
吸気バルブ閉　　排気バルブ開
下死点

吸排気効率を良くするため、排気行程の終わりに吸気バルブが開き、吸入行程がはじまっても排気バルブが開いているタイミングがある。これをバルブオーバーラップという。また、エンジンの状態とバルブの開閉状態を示した図をバルブタイミングダイヤグラムという。

POINT
- ◎吸排気バルブの開閉のタイミングをバルブタイミングという
- ◎吸排気バルブが両方とも開いているときをバルブオーバーラップという
- ◎バルブオーバーラップにより、排気の力を利用して吸気効率を上げられる

3-2 可変動弁システムの進化（その1）

エンジン性能に直接関係するバルブリフト量やバルブタイミングの設定によって、高回転型や実用型などの性格が決まるということですが、これを両立させるようなシステムは存在するのですか？

　バルブオーバーラップを大きくすれば高回転、小さくすれば低回転で使いやすいエンジンになります。そこで、1つのエンジンで両方の性格を持たせることができないか？　という発想から生まれたのが**可変動弁システム**です。

■ホンダの可変バルブタイミングリフト機構VTEC

　1989年、可変動弁システム「**VTEC**」搭載車を発売したのがホンダです。VTECは、**可変バルブタイミングリフト機構**と呼ばれています。

　低回転用と高回転用の2つの**カム山**を持ったカムシャフトを採用していて、**ロッカーアーム**を用いてバルブを駆動します。このロッカーアームがポイントで、2つのバルブを動かすのに3本のロッカーアームを使っています（上図）。

　VTECは、低回転では、低回転用のカムに低回転用のロッカーアームが動かされてバルブが駆動します。そのとき、低回転用のロッカーアームに挟まれた高回転用ロッカーアームは高回転用のカムに触れていますが、空振りしています（上図①）。

　それが高回転になると、油圧を利用してロッカーアーム内のスライドピンが移動し3本のロッカーアームが連結され、高回転用のカム山でバルブが押されるしくみになっています（上図②）。後にi-VTECとして、**気筒休止機構**（次項参照）などが組合わされています。

■三菱の可変バルブタイミングリフト機構MIVEC

　MIVECは、三菱自動車が開発した可変バルブタイミングリフト機構です。基本的な考え方はVTECと同じですが、ピストンが2つあるのが特徴となっています。

　T型レバーを挟むように低速ロッカーアームと高速ロッカーアームがあり、それぞれに制御ピストンが備えられています（下図）。低速では、T型レバーは制御ピストンで低速用のロッカーアームとつながっています。これにより低速用のカムでバルブを駆動することになり、実用域での性能を確保しています（下図①）。

　高速になると、油圧により低速側の制御ピストンが解除されると同時に、高速側の制御ピストンがロックされてT型レバーと連結し、高速用のロッカーアームがカムを駆動するしくみになっています（下図②）。2011年以降は新MIVECとなり、より進化した機構となっています。

第3章 性能に直結するエンジンの心臓部

⚙ VTECの作動のしかた

VTECは1リッターあたり100PSの高出力を達成した高性能エンジンとして知られる。従来のエンジンは、1つのカムが1つのバルブを動かすタイプだったが、VTECは油圧によってロッカーアーム内のスライドピンを動かすことにより、低回転用カムのみの駆動と高回転用カムの駆動をエンジン回転数に応じて切り替えるようにしている。

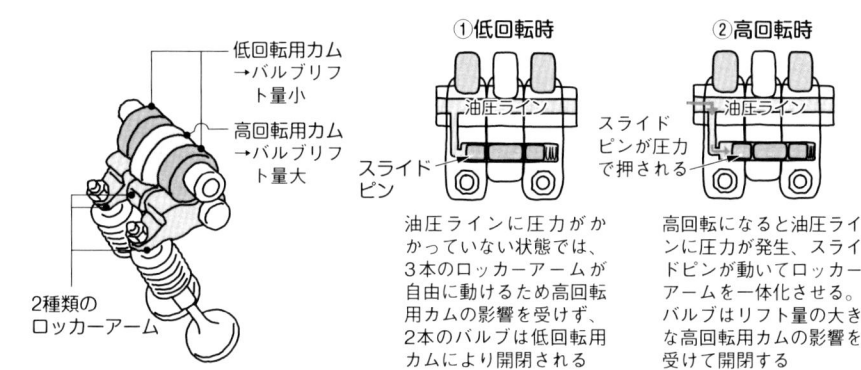

①低回転時

油圧ラインに圧力がかかっていない状態では、3本のロッカーアームが自由に動けるため高回転用カムの影響を受けず、2本のバルブは低回転用カムにより開閉される

②高回転時

高回転になると油圧ラインに圧力が発生、スライドピンが動いてロッカーアームを一体化させる。バルブはリフト量の大きな高回転用カムの影響を受けて開閉する

ラベル：低回転用カム→バルブリフト量小、高回転用カム→バルブリフト量大、2種類のロッカーアーム、油圧ライン、スライドピン、ピンが圧力で押される

⚙ MIVECの作動のしかた

低速カム、高速カムが常時回転していて、低速時には高速カムが空回りしているのはVTECと同じ。異なるのは、制御ピストンが低速ロッカーアーム用と高速ロッカーアーム用の2つあり、高速になると、油圧によって低速カムがフリーとなり高速カムがロックするところである。

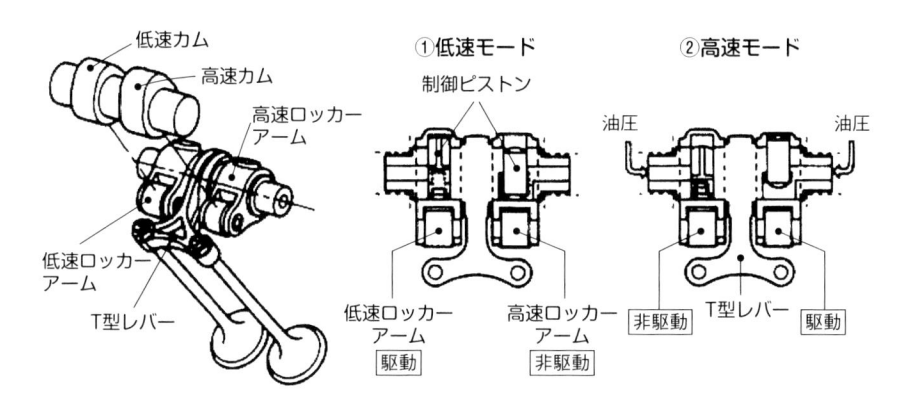

①低速モード
制御ピストン
低速ロッカーアーム 駆動
高速ロッカーアーム 非駆動

②高速モード
油圧
非駆動（低速ロッカーアーム）
T型レバー
駆動（高速ロッカーアーム）

ラベル：低速カム、高速カム、高速ロッカーアーム、低速ロッカーアーム、T型レバー

POINT
- ◎可変バルブタイミングリフト機構は、1つのエンジンに2つの特性を持たせられる
- ◎ロッカーアームに施された工夫で、低回転用・高回転用カムの切り替えができる
- ◎代表的なのは、ホンダのVTEC、三菱のMIVECなど

3-3 可変動弁システムの進化（その2）

可変動弁システムはエンジンを低回転から高回転までフレキシブルに使える画期的なもののようですが、ほかにもエンジンの効率を上げるシステムはあるのですか？

　前項で紹介した2つのシステム以外に、効果は比較的小さいものの簡易的な方式や、**可変動弁システム**を利用して気筒を休止し、燃費を向上させるシステムがあります。

■トヨタの連続可変バルブタイミング機構VVTi

　VVTiは、トヨタの連続可変バルブタイミング機構です。先にVVTという技術がありましたが、これはカムシャフトのタイミングギヤ側のハウジング内にベーン（翼）式の油圧進角装置を設けたものです。

　VTECなどのように高回転用、低回転用のカムが設けられているわけではなく、**カムシャフトの位相をずらす**ことにより高回転用と低回転用の2段階に吸気側の**バルブタイミング**を切り替えることができます。高回転用にカムシャフトをあらかじめ早く開く方向に回転させておくといってもいいでしょう。

　同じ**カム山**を使用しているので、吸気バルブを早く開くと、その分早く閉じてしまいますが、吸気のほうが排気よりも重視されるので、これはこれで効果があります。VVTiはVVTの進化形ともいえるもので、VVTの2段切り替えから、コンピューターを用いることでより細かな制御ができるようにしています（上図）。

■ホンダの可変気筒システム（気筒休止機構）

　動弁系を可変にすることにより、バルブタイミングやリフト量をコントロールする機構について見てきましたが、同じような方法で気筒を休止させる技術もあります。走行状態によって6気筒を3気筒にするなどの方法で、燃費を改善します。

　ホンダの**可変気筒システム**（**気筒休止機構**）は、VTECから進化したものといっていいでしょう。VTECは、低回転用カムか高回転用カムのどちらかを動かし、どちらかを休止するしくみですが、気筒休止は両方を動かなくします（下図）。

　高速でクルージングする場合は、エンジンに負荷がかかっていない状態なので、6気筒エンジンが3気筒になっても問題なく走り、その分の**燃費**も改善します。休止しているシリンダーの吸排気バルブは閉じた状態になっています。もし、これが開いた状態になっていると、シリンダーの中を出入りする空気のために**ポンピングロス**（吸排気のときの空気抵抗：次項参照）が発生して、効率的には良くありません。

第3章 性能に直結するエンジンの心臓部

VVTiの作動のしかた

VVTiは、トヨタの連続可変バルブタイミング機構。ベーンが油圧で稼働することによって、カムシャフトのカム山が動き、バルブの開閉タイミングをコントロールする。もともとVVTという2段階切り替えだったが、ECU（エレクトロニック・コントロール・ユニット）の信号によって細かな調整を行なえるようになった。排気側のカムシャフトにも用いられる。

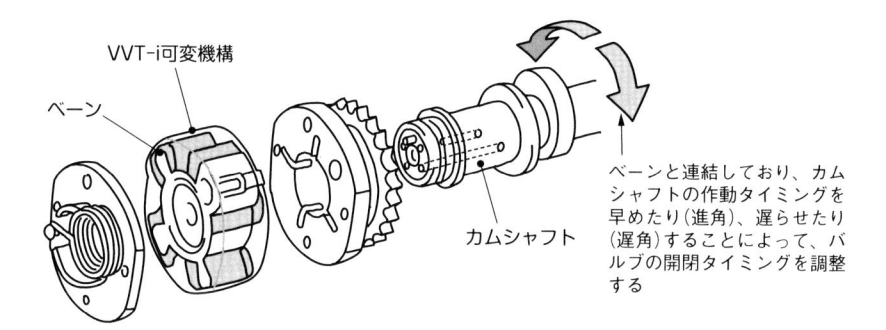

VVT-i可変機構
ベーン
カムシャフト

ベーンと連結しており、カムシャフトの作動タイミングを早めたり（進角）、遅らせたり（遅角）することによって、バルブの開閉タイミングを調整する

気筒休止機構

ホンダの気筒休止のメカニズム。ロッカーアームの中を、油圧によってピンが移動するのはVTECと同じ。稼動時は、ロッカーアーム内の2つのピンが境目を連結し、バルブを駆動する。気筒休止時はピンがロッカーアームを分断することによって、稼動を止める。

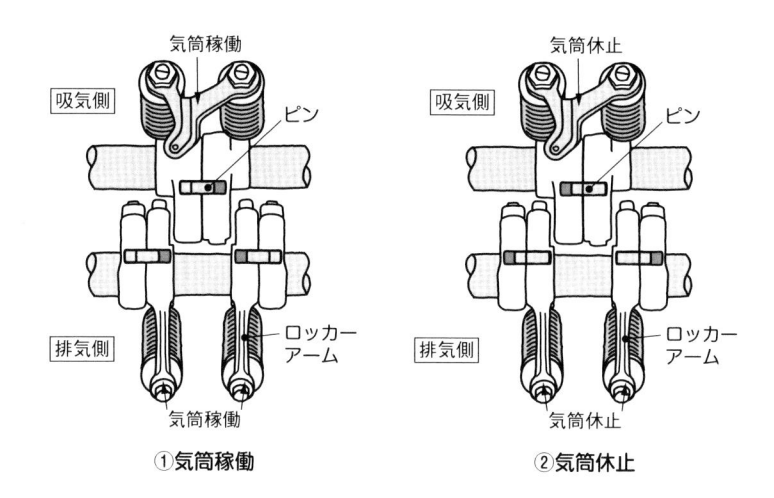

吸気側　気筒稼働　ピン
排気側　ロッカーアーム
気筒稼働
①気筒稼働

吸気側　気筒休止　ピン
排気側　ロッカーアーム
気筒休止
②気筒休止

POINT
◎簡易的にカムの位相をずらすことでもバルブタイミングを変えることができる
◎可変動弁システムで気筒のいくつかを休止させることで、燃費を改善できる
◎気筒を休止した場合は、吸排気バルブを閉じないとポンピングロスが発生する

3-4 ポンピングロスの影響

前項にも出てきましたが、エンジンの燃費改善が重要視されるにつれて「ポンピングロス」という言葉を聞くようになりました。「ポンピングロスを低減することで燃費が改善する」とはどういうことなのですか？

ポンピングロスとは、吸排気行程で生まれるエンジンのエネルギーロス（**吸排気損失**）です。エンジンのメカニズムや機能についてはこれまで詳しく見てきましたが、混合気を内部に取り込み、**燃焼ガス**を排出するという面から考えると、エンジンは1つのポンプと見なすことができます。

▮ピストンはエネルギーを発生すると同時にロスもしている

たとえば注射器で空気を吸う場合、入り口を狭くするとより大きな力が必要になります（上図）。

エンジンも同様で、アクセルを少しだけ踏んで走っているときには、**スロットルバルブ**（エンジンの吸入空気量を制御するためのバルブ。アクセルと連動していて、アクセルを踏むとそれに応じてバルブが開く：88頁参照）の開度が小さく、空気の通り道も狭いため、ピストンが動くときにそれだけ多くのエネルギーを使っていることになります（下図枠内）。せっかく**燃焼圧力**によって生まれた力が、ピストンが吸気するときに消費されてしまうわけです。

もう少し詳しく見ていきましょう。スロットルバルブがあるエンジンでは、吸入行程でピストンが下がるとシリンダー内は負圧になります。吸気バルブの開口部を通して吸気管内も負圧となります。これが外部からの吸気を行なうときの力となりますが、スロットルバルブの開度が小さい低回転域ではピストンが下がろうとするときの抵抗にもなります（下図）。

低回転域は日常走行で常用する回転域でもあり、ポンピングロスを低減するということは、日常燃費に大きな影響を与えることになります。そのため、各自動車メーカーはポンピングロスの低減に力を入れるようになっています。

▮ポンピングロスがエンジンブレーキの役割も果たしている

ポンピングロスは悪いばかりではありません。この吸気による抵抗がエンジンブレーキの一部になっているからです。アクセルをオフにするということは、スロットルバルブを閉じるということであり、入り口の閉じた注射器を引っ張ることと同じように、大きな抵抗となります。他に機械的な摩擦も相まって、エンジンブレーキとして機能し、スピードを落とすことができるわけです。

第3章 性能に直結するエンジンの心臓部

ポンピングロスの考え方

ポンピングロスは、注射器に例えるとわかりやすい。注射器のプランジャーを引く動作は、ピストンの降下と考えることができる。吸気口が小さかったり閉じたりしていると、大きな力が必要になる。そうなると、せっかく生まれたエンジンの燃焼圧力も失ってしまうことになる。

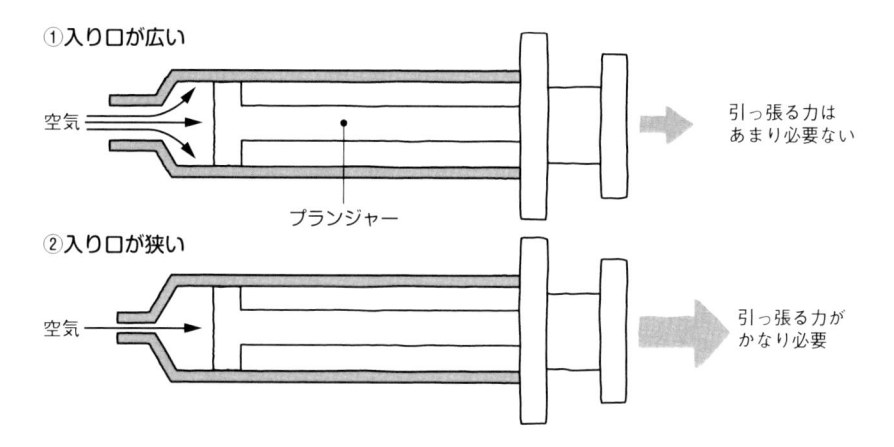

①入り口が広い

空気　プランジャー　→ 引っ張る力はあまり必要ない

②入り口が狭い

空気　→ 引っ張る力がかなり必要

スロットルバルブ開度、吸気バルブ開度とポンピングロス

エンジンが吸気するときには、ピストンが下がる力を利用している。そのとき、スロットルバルブの通り路が狭かったり、吸気バルブの開度が小さかったりするとより大きな力が必要となり、結果的にエンジンパワーを損失することになる。

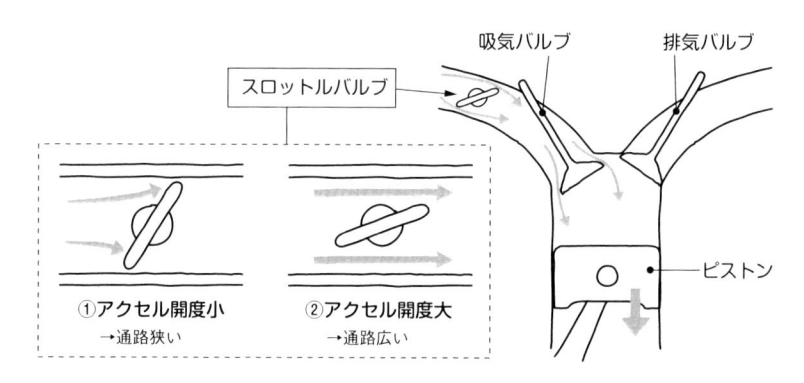

スロットルバルブ　吸気バルブ　排気バルブ　ピストン

①アクセル開度小　→通路狭い
②アクセル開度大　→通路広い

POINT
◎ポンピングロスは、ピストンが下がるときに吸排気でロスするパワー
◎スロットルバルブ開度が小さくても、ポンピングロスが発生する
◎エンジンブレーキには、スロットルバルブを閉じたときの空気の抵抗もある

COLUMN 3

わかるようでわからない？
DOHCエンジンとOHCエンジンの差

　あるメーカーのラリーチーム関係者に「ターボを付ければOHCエンジンで十分だと思っていた」という主旨の話を聞いたことがあります。そのチームは1980年代初頭にOHCエンジンにターボチャージャーを装着したFR車でグループ4（当時の世界ラリー選手権でいちばん速いクラス）に参戦していました。

　しかし、外国のメーカーはDOHCターボ。しかも4WDが活躍しはじめたときで、そのメーカーのラリー車は活躍こそしたものの優勝を果たすことはできませんでした。その反省もあったのか？　そのチームはDOHCエンジンを搭載した4WDラリー車で参戦をはじめ、すばらしい成績を残していきます。

　ただ、当時のラリー関係者の見識が誤っていたのかというと、決してそんなことはないと思います。当時の国内のDOHCエンジンは、OHCエンジンよりも圧倒的に速いとはいえませんでした。

　DOHCはイメージとして高性能ということはありますが、メリットは何かというと結構難しいものがあります。OHCのバルブを開閉するためのロッカーアームが不要となり、直接カムがバルブを押せるようになるので、その分の慣性力が減る……といっても、VTECのような可変バルブタイミングリフト機構ではDOHCでもロッカーアームを使用して高性能を発揮しました。

　4バルブにできるのがメリットと言われても、2バルブのDOHCも存在していました。逆にOHCで3バルブを採用して、かなりの高性能を発揮したエンジンもありました。

　突き詰めて考えると、エンジンに大事なのは燃焼室の形状ということになるでしょう。要は「良い吸気」「良い圧縮」「良い点火」の三要素がそろうことが先で、ペントルーフ型やセンタープラグホールが必要となり、そのためカムが2本必要だったということです。自然にセンタープラグ、ペントルーフ型の燃焼室が形成されるのがDOHCです。OHCでもできますが、設計の自由度ではかないません。

第4章
エンジンを呼吸させる吸排気システム

Air intake and exhaust system

1. エンジンの呼吸を受け持つ吸排気システム

1-1 空気をエンジンに取り入れるしくみ

4サイクルエンジンの作動は、外気をシリンダー内に取り入れる吸入行程からはじまりますが、それを実行する吸気システムの構成はどうなっているのですか？

空気を取り入れて、ガソリンを混ぜた**混合気**をシリンダーに供給する装置を**吸気システム**といいます。

このシステムのいちばん外側はエアインテークとなります。これはフロントグリルなど、エンジン外部と触れる部分に装着されています（上図、下図）。

吸気システム内の空気の経路をエンジン本体までたどってみると、まずエアクリーナーボックス内に**エアクリーナー**があります。これは外気を取り入れた場合に混じったゴミを取り除くための装置です。掃除機のフィルターをイメージしてもらえればいいと思いますが、ここを外気が通り抜けることにより、ホコリなどを取り除きます（下図枠内）。

▌スロットルバルブがアクセルと連動して吸気をコントロールする

エアクリーナーできれいになった空気の吸気量、温度などをセンサーで測定するのが**エアフローメーター**です（108頁参照）。これは適切な燃料を噴射するための装置で、測定にはいくつかの方式があります。

エアクリーナーを通過した後には**スロットルバルブ**があります。ドライバーは、アクセルを踏んだり緩めたりすることでスピードの調整をしますが（88頁参照）、スロットルバルブがアクセルと連動して開いたり閉じたりすることで、吸気量をコントロールしています。

続いてインテークマニホールドに至りますが、その上流にはサージタンクやコレクタータンクと呼ばれる、一旦吸気をプールしておく部屋があります。ここに空気を溜めることで、各気筒（シリンダー）に配分される量を均等化する目的があります。

ちなみにこのサイズが大きい場合は高速性能を優先したもの、小さい場合は実用性能を優先したものという見方ができます。

▌入ってきた空気はインジェクターによって混合気とされエンジン内に入る

サージタンクを経た空気は、各気筒ごとに割り当てられた空気の通り路である**インテークマニホールド**の下流に入っていきます。インテークマニホールドには**インジェクター**（燃料噴射ノズル）があります。これが燃料の噴出口です。ここで入ってきた空気にエアフローメーターで感知された分のガソリンが混合されるわけです。

第4章 エンジンを呼吸させる吸排気システム

吸気システムの概要

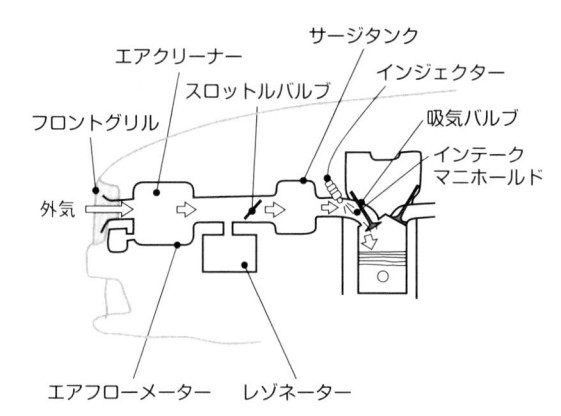

エアクリーナー　サージタンク
スロットルバルブ　インジェクター
フロントグリル　吸気バルブ
インテークマニホールド
外気
エアフローメーター　レゾネーター

エンジンは外気を取り入れ、エアクリーナー、エアフローメーター、スロットルバルブ、サージタンクなどを経て、インテークマニホールドからシリンダー内に吸気される。

吸気システムにおける空気の流れ

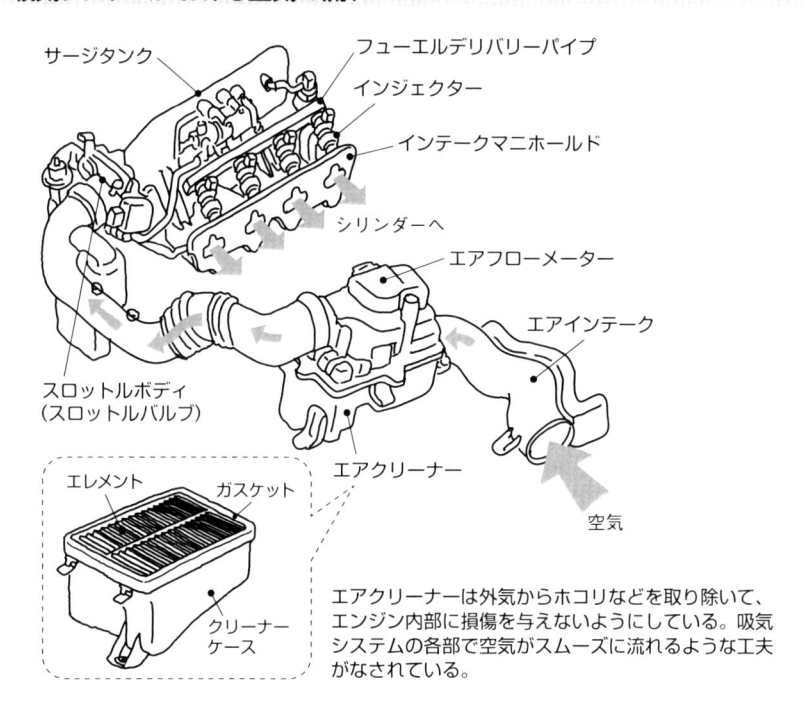

サージタンク　フューエルデリバリーパイプ
インジェクター
インテークマニホールド
シリンダーへ
エアフローメーター
エアインテーク
スロットルボディ
(スロットルバルブ)
エアクリーナー
空気

エレメント　ガスケット
クリーナーケース

エアクリーナーは外気からホコリなどを取り除いて、エンジン内部に損傷を与えないようにしている。吸気システムの各部で空気がスムーズに流れるような工夫がなされている。

POINT
◎吸気システムがあることで、混合気はスムーズにシリンダー内に入る
◎入り口ではエアクリーナーによって、ゴミが取り除かれる
◎インテークマニホールド内で燃料が供給されることにより混合気がつくられる

1-2 インテークマニホールドの工夫

外気とエンジンをつなぐパイプであるインテークマニホールドは、空気がエンジン内にスムーズに流れ込むようになっているそうですが、具体的にどのような工夫がされているのですか？

インテークマニホールドに求められる基本的な性能は、各気筒に均等に空気（混合気）を送ることです（上図）。それには形状が重要で、空気がスムーズに流れるために曲がりが少なく、内部が滑らかであることが求められます（下図）。また、断面にも工夫が凝らされています。

▎インテークマニホールドの長さがエンジン性能に影響を与える

曲がりが少ないほうが良いとはいえ、エンジンルームという狭い空間に収められるので、必然的に限界があります。その中で、できるだけ効率が良いように厳密な設計とテストを経て形状が決められていきます。

材質は、かつてはアルミニウム合金のものが主でしたが、冷たい空気が通ることから耐熱性は求められず、現在主に樹脂製が用いられています。これはエンジンルーム内の軽量化にも役立ちます。

インテークマニホールドの長さもエンジン性能に影響を与えます。一般に長いものは実用性（低中回転）重視、短いものは高回転重視となります（下図）。これは後述するように、吸気の慣性効果と関係しています。

▎慣性効果と脈動効果で吸気効率を高めることができる

空気には質量があるので、絶えず流れ込もうとします。**吸気バルブ**が閉じているときに流れ込んできた空気（混合気）は、そこに塊をつくることになります。その塊が大きくなったときに吸気バルブを開くと、多くの混合気をシリンダー内に取り込むことができます。これが「**吸気慣性効果**」です。

ただし、インテークマニホールドが長くなりすぎると、今度は吸入量の増加を妨げることになるので、高回転型では短いものを利用したほうが効率が良くなります。

また、慣性効果と絡み合っているのが「**脈動効果**」です。ポートの部分の空気の密度が高くなると、その後の空気の密度が相対的に低くなり、ここに**圧力振動**（音）が発生します。

これが音速でマニホールドの中を伝わり、端で反射して再びポートに戻ってきたときに、うまくバルブを開いていると効率の良い吸気ができます。これらについては、次の可変吸気システムの項で詳しく解説します。

第4章 エンジンを呼吸させる吸排気システム

● インテークマニホールドの構造

インテークマニホールドは、エアインテークやエアクリーナー(82頁参照)を経た外気がスムーズに各シリンダーのポートに流れ込むための役割を担っている。

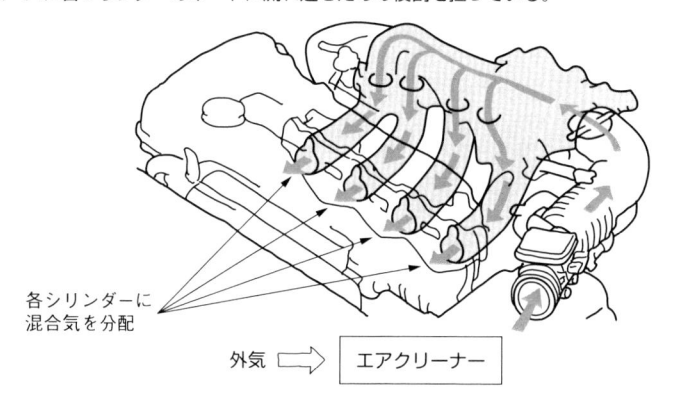

各シリンダーに混合気を分配

外気 ⇒ エアクリーナー

● インテークマニホールドの長さ・形状と空気の流れ

インテークマニホールドは、一般に長いものは低中回転向き、太くて短いものは高回転向きというように、エンジンの性能に直接的に影響を与える。また、ムリな曲がり方をしていると空気の流れが阻害されるために、限られたスペースの中でもできるだけ曲がりが少ないことが求められる。

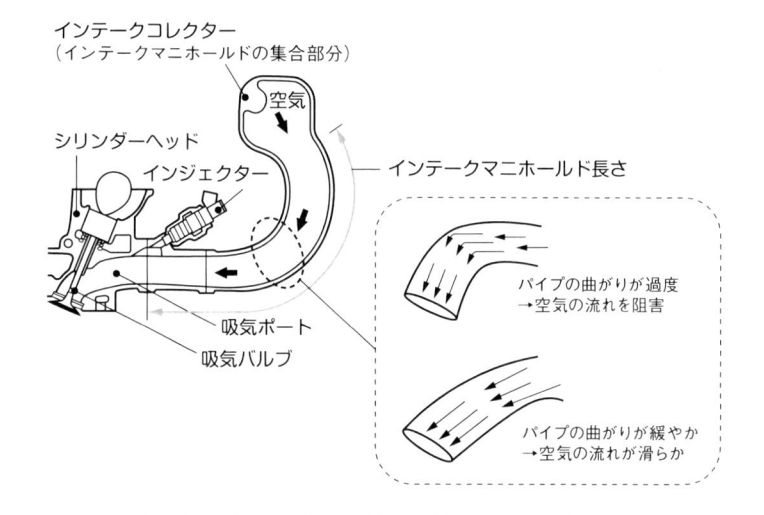

インテークコレクター
（インテークマニホールドの集合部分）
空気
シリンダーヘッド
インジェクター
インテークマニホールド長さ
吸気ポート
吸気バルブ

パイプの曲がりが過度
→空気の流れを阻害

パイプの曲がりが緩やか
→空気の流れが滑らか

> **POINT**
> ◎インテークマニホールドは、空気をシリンダー内に取り入れる通路となる
> ◎形状はできるだけ曲がりが少なく、内部が滑らかなことが求められる
> ◎耐熱性が求められないので、軽量化もあわせて樹脂でつくられることが多い

1-3 可変吸気システムの効果

インテークマニホールドの長短でエンジンが性格づけられるということですが、長短両方の性格が得られる可変吸気システムはどのようなしくみになっているのですか？

前項で述べたとおり、**インテークマニホールド**が長いものは低中回転重視、短いものは高回転重視の性格を持ったエンジンとなります。インテークマニホールドの長さのみで性格が決まるわけではないものの大きな要素ではあるので、「もっとフレキシブルにできないか」という考えが出てきました。

◢可変吸気システムは、バルブの開閉によってマニホールドの長さを変える

可変吸気システムは、インテークマニホールドを工夫することによって、低中回転と高回転の両方とも得意にする構造となっています。

そのしくみとしては、インテークマニホールド内に**制御バルブ**を設け、低中回転時は制御バルブを閉じて空気を遠回りさせ、高回転時には開くことでバイパスを通し、インテークマニホールドを事実上短くする方法（**可変管長インテークマニホールド**）などがあります（上図）。

これは**吸気慣性効果**と呼ばれる、空気の慣性力を利用しています。インテークマニホールドに入った連続的な空気の流れによる慣性力は、マニホールドが長いほど強く大きくなります。低中回転域ではピストンの吸引力が弱いので、インテークマニホールドを長くすることで慣性力を強くし、空気をシリンダー内に取り込みます。これで通常より多く空気を取り込むことができることから、**慣性過給**ともいいます。

一方、高回転域では、長いマニホールドにしてしまうと流速抵抗が増してメリットがなくなるので、短いマニホールドに切り替えます。

◢吸気慣性効果とセットになった脈動効果もある

前項で述べたように、空気の密度の差によって生まれた**圧力振動**（音）の反射を利用した**脈動効果**というものもあります。正確には、圧力振動がその発生したサイクルの吸入行程に直接影響を与える場合を慣性効果、そのまま反射して次のサイクルに影響を与える場合を脈動効果と区別できますが、2つの効果は絡み合っていて分けることはできません（下図）。

いずれにしても、その効果を十分に活かすには、ポートの部分の空気の密度が高くなるようにすることが必要で、それはインテークマニホールドの太さと長さによる部分が大きいのです。

第4章 エンジンを呼吸させる吸排気システム

可変管長インテークマニホールド

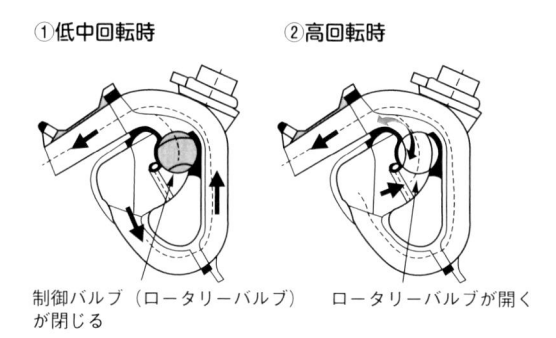

①低中回転時　　②高回転時

制御バルブ（ロータリーバルブ）が閉じる　　ロータリーバルブが開く

可変管長インテークマニホールドは、低中回転時にはロータリー型の制御バルブを閉じることにより管長を長くし、高回転時には開くことにより短くしている。

吸気慣性効果と脈動効果

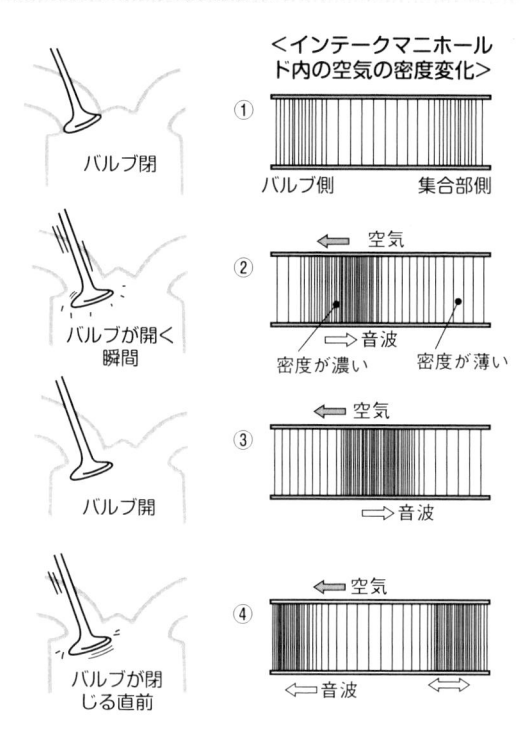

バルブ閉
バルブが開く瞬間
バルブ開
バルブが閉じる直前

＜インテークマニホールド内の空気の密度変化＞

① バルブ側　　集合部側

② ⇐空気　⇒音波　密度が濃い　密度が薄い

③ ⇐空気　⇒音波

④ ⇐空気　⇐音波 ⇔

吸気慣性効果と脈動効果は互いに絡み合っている。①のように、インテークマニホールドのバルブ側と集合部側（前項下図参照）の密度が同じだとすると、②のバルブが開く瞬間には、バルブ近くの空気が吸い込まれはじめ、その後に密度の薄い部分ができる。密度の濃い部分と薄い部分の間には音波が生まれ、③でマニホールドの集合部に向かい、続いて反射して戻ってくる。空気の密度の差があれば音波は生まれるので、これが繰り返されることになる（脈動効果）。④のバルブが閉じられる寸前に流れ続ける空気の吸気慣性と合わせて、空気の密度が濃い状態にしておけば、より多くの空気がシリンダー内に入る。

POINT
◎可変吸気システムは、インテークマニホールドの長さを実質的に可変する
◎空気の通り路を調整することにより、エンジン回転に合わせた吸気ができる
◎可変吸気システムで吸気慣性効果と脈動効果をうまく利用することが可能になる

1-4 アクセルを踏むとエンジン回転が上がる理由

クルマは「アクセルを踏めばエンジン回転が上がり、加速をはじめる」と誰もがふつうに考えていると思いますが、そもそもアクセルによってスピードが変化するのはなぜでしょうか？

　これまで説明してきたとおり、エンジンは空気とガソリンの混合気を圧縮、点火して得た**燃焼圧力**で動く装置です。**アクセルを踏む**ということは、外気とエンジンの間の通路にある**スロットルバルブを開く**ということです（上図）。

　アクセルとスロットルバルブはケーブルで直接的につながっているものと、アクセルペダルがスイッチ（センサー）になっていて、電気式につながっているものの2種類があります。ここでは前者を前提として解説し、後者については次項で改めて解説します。

▌アクセルを踏むと直接的には吸気量が増える

　アクセルを踏んでスロットルバルブが開くと、入ってくる吸気量がエアフローメーターで感知され、適切な量の燃料が**インジェクター**（燃料噴射ノズル）によって噴射されて**混合気**となります。吸入された空気は、インテークマニホールドからエンジンの吸気バルブ、ポートを通過してエンジン内に流れ込みます。

　アクセルを大きく開けているということは、それだけ多くの混合気がシリンダー内に流れ込むということですから、圧縮行程に入るとその分だけ強く混合気が圧縮されることになります。ここで**スパークプラグ**によって適切なタイミングで着火されれば、より強い燃焼力が生まれます。つまり強い**膨張圧力**が得られるわけです（上図）。

▌強い膨張がくり返されることにより、結果としてエンジン回転が上がる

　そのためピストンスピードが速くなり、クランクシャフトの回転が上がって、吸排気バルブの開閉スピードも速くなります（66頁参照）。それが連続しますから、エンジン回転が高く保たれることになります。

　スロットルバルブは、ケーブルの場合、多くはバタフライ状の開閉部になっており、吸気の流れに対して直角で全閉（下図①）、水平で全開（下図③）となります。

　スロットルバルブを全閉にした場合には、完全にバルブを閉じるとアイドリングしないことになるので、そのための吸気を行なうバイパス通路を設けて対処しています（下図①）。アクセルペダルの踏み加減によってスロットルバルブを調整し、吸気量に見合ったガソリンを噴射することがエンジン回転をコントロールするカギになります。

第4章 エンジンを呼吸させる吸排気システム

⚙ アクセルを踏むとエンジン回転が上がる理由

スロットルバルブを全開にすると、より多くの混合気をシリンダー内に取り込めることになる。強く圧縮された燃焼室では、強い膨張圧力が生まれてパワーに変換されるため、エンジン回転が上がる。

エアクリーナー
インジェクター
スロットルバルブ
吸気バルブ
インテークマニホールド
スパークプラグ
空気
吸気量が最大
スロットルバルブ全開
ポート
より多くの混合気を吸入できるため、強い燃焼圧力が得られる

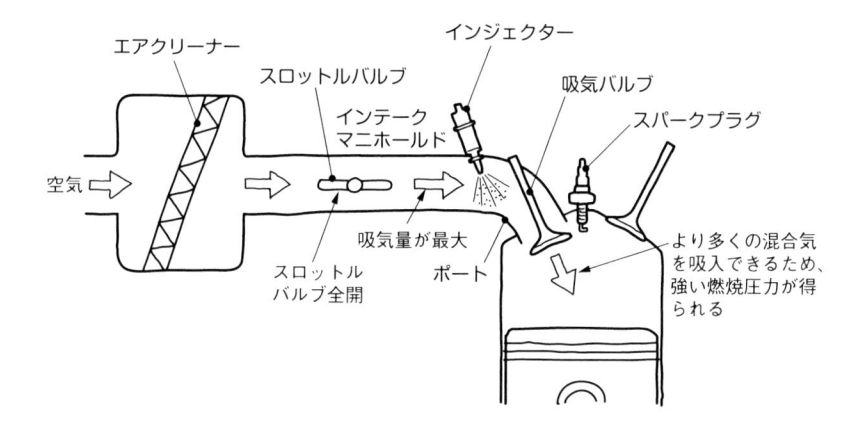

⚙ スロットルバルブの動き

①スロットルバルブ全閉

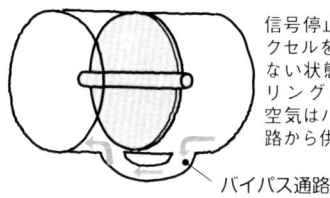

信号停止時などアクセルを踏んでいない状態。アイドリングに必要な空気はバイパス通路から供給される

バイパス通路

②スロットルバルブ半開

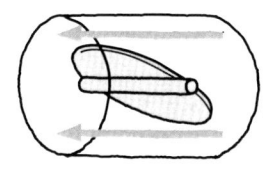

アクセルペダルの踏み込み量に応じてバルブが開閉する

③スロットルバルブ全開

アクセルペダルをもっとも踏み込んだ状態

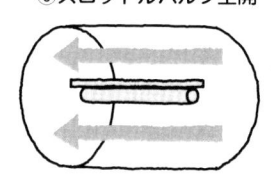

ケーブルなどで機械式にアクセルとスロットルバルブが連結されている場合は、アクセルペダルの踏み方によって吸気量が決まってくる。図のようなバタフライタイプのスロットルバルブでは全開にすると水平になるが、抵抗物がなくなるわけではない。

POINT
◎アクセルペダルはスロットルバルブとつながっている
◎「アクセルを踏む」とは、直接的にはエンジン内部の吸気量を多くすること
◎吸気量に比例してより多くの混合気がシリンダー内に入りエンジン回転が上がる

1-5 電子制御スロットルの効果

スロットルボディのスロットルバルブは、ケーブルを用いて直接的に動かすものだけでなく、電気式に行なう電子制御スロットルがあるそうですが、それはどのような構造になっているのですか？

電子制御スロットルは**スロットルバイワイヤー**とも呼ばれます。この場合のワイヤー（wire）とは電線のことです。アクセルペダルは電気スイッチ（センサー）となっていて、踏み込んだ量や速さが電気信号として**ECU**（エレクトロニック・コントロール・ユニット）に伝えられます。それによって適切な吸気量が定められ、スロットルバルブがモーターで開いて燃料噴射量が決められます（上図）。

■より精密なエンジン制御のためにアクセルもECUによって管理する

電子制御スロットルは、排気ガス浄化のために空燃比を精密に制御したり、燃費を向上させるために有効なシステムです。94頁で解説しますが、三元触媒を使用して排気ガスを浄化するためには、**理論空燃比**を保たなければなりません（104頁参照）。そのため、燃料の供給方式もキャブレターから**電子制御燃料噴射装置**に切り替わってきました（108頁、110頁参照）。

初期の燃料噴射装置ではアクセルをケーブルで操作した場合、加速をしようとして大きく踏み込むと、エンジン回転が上がらないうちに**インジェクター**が多くの燃料を噴射してしまう場合もあり、性能的にも燃費的にもよくありませんでした。そこで、アクセルの操作とスロットルバルブの開度、燃料供給のそれぞれを連動させて制御する必要性から**スロットルポジションセンサー**が装着されました。

これでスロットル開度とは別に、そのときのスピードやエンジン回転数などからECUが判断して適切な燃料供給が行なわれるようになりましたが、より綿密な制御をするには、スロットルもケーブルによる操作ではなく、電気による操作にしたほうが適しており、電子制御スロットルが登場することになったのです。

■スロットルの電子制御化によってさまざまなハイテクが可能になる

電子制御スロットルは、アクセルペダルとエンジン位置の制約がありません。ホンダではミッドシップスポーツカーのNSXをマイナーチェンジする際、レイアウトに制約されないスロットルバイワイヤー（ドライブバイワイヤー：DBW）を採用した例もあります（下図）。精密にスロットルバルブを開閉できるということは、燃費向上や排気ガス浄化性能の向上、コンピューター制御である**トラクションコントロール**[1]、**前車追従運転機能**[2]などにも貢献する部分が大きくなります。

※1　トラクションコントロール：各種センサーからタイヤの空転状況を検知して、空転しているタイヤにブレーキをかけて駆動力が失われている側のタイヤに駆動力を移す働きをする
※2　前車追従運転機能：前のクルマのスピードに対応して、自動的に加速したり減速したりする機能

第4章 エンジンを呼吸させる吸排気システム

ケーブル式スロットルと電子制御スロットルの違い

従来、スロットルバルブはアクセルペダルとアクセルドラムがケーブルでつなげられ、足の動きに応じて開閉するものだったが（①）、電子制御燃料噴射装置で精密な制御をするためには、スロットルバルブも電気的に動かすほうが好都合なことから、現在は電子制御式が主流となっている。

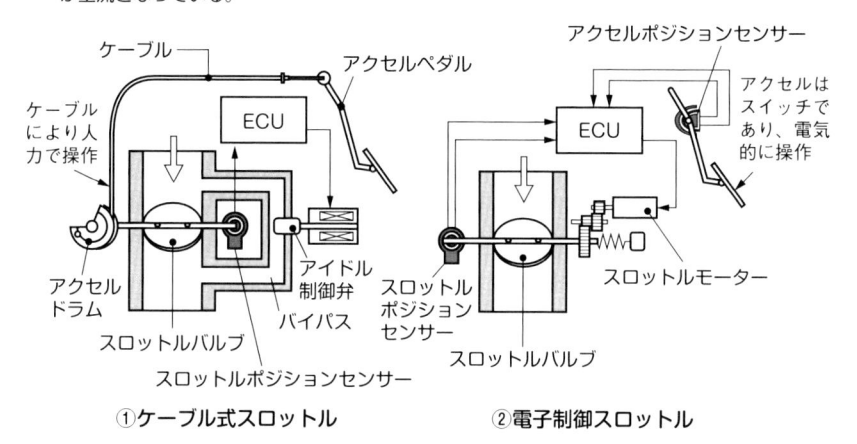

①ケーブル式スロットル

②電子制御スロットル

電子制御スロットルの構造

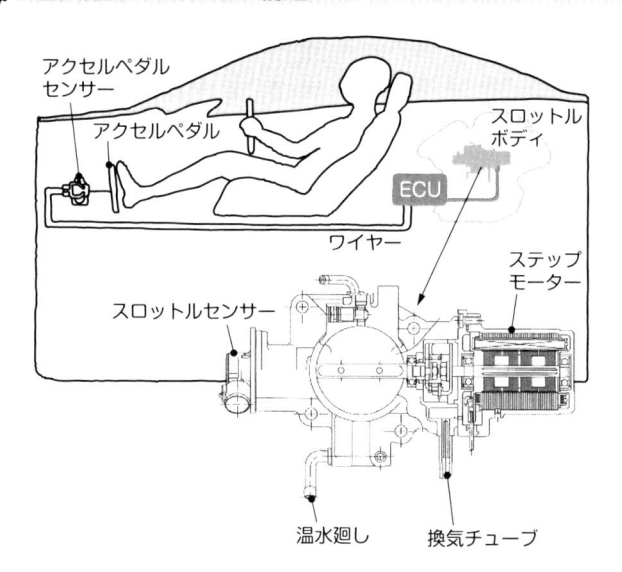

図はホンダNSXのスロットルバイワイヤーの構成図。エンジンがドライバーの後ろにあるミッドシップ車では、アクセルケーブルが長くなり、操作が重くなることなどからマイナーチェンジ時に採用した。このように、電子制御式はレイアウトに制約されないメリットもある。ここではアクセルペダルのセンサーからの電気信号がスロットルボディのステップモーターに伝わり、バルブを開閉する構造となっている。

POINT
◎アクセルとスロットルバルブを電気的に動かすシステムが電子制御スロットル
◎電子制御燃料噴射装置の普及により精密な制御を行なう必要性から生まれた
◎環境性能、燃費向上、トラクションコントロールなど多彩な制御が可能となる

1-6 排気の経路（排気バルブからマフラーへの流れ）

シリンダー内で燃焼を終えた燃焼ガスは排気バルブが開くことにより排気ポートから出ていきますが、これが効率よく行なわれるためにどのような工夫がされているのですか？

　排気ガスは、排気ポートを経た後エキゾーストマニホールドに導かれ、**エキゾーストパイプ**で1つにまとめられますが、ここでスムーズに排気するための工夫が大切になってきます（上図）。

　というのは、マニホールドの集合部分では、各シリンダーから出てきた排気ガスの排出タイミングの近いもの同士が干渉する場合があるからです。排気がスムーズにいかないということは、吸気効率の悪さに直接的につながってしまいます。

▌エキゾーストマニホールドは排気干渉を避けることが重要

　ここで重要なのは、お互いの排気の流れを妨げないようにエキゾーストマニホールドの長さを適当なものにして、**排気干渉**を避けるようにすることです。

　インテークマニホールドは、冷たい空気の通り路ですが、エキゾーストマニホールドは高温ガスの通り路であることから、材質は耐熱性の良い鋳鉄でつくられるのが一般的です。中にはステンレス製で軽量につくられるものもあります。

　マフラーに至るまでの途中には**触媒コンバーター**があります。これは三元触媒によって、排気ガス中の有害物質を排除しますが、構造や働きについては次項で解説します。

　最終的には大気中に排気ガスが放出されるわけですが、それまでにメインマフラーで消音されます。

▌マフラーでは静かさと同時に排気ガスの「抜け」の良さが求められる

　マフラーでは排気ガスの温度と圧力を下げ、排気音を小さくする働きをしています。マフラーなしでそのまま排気すると、高温、高圧のものが一気に大気に放出されることから、大きな音を発します。

　メインマフラーは、その形から通称「タイコ」などと呼ばれることもあります。このタイコは膨張室となっており、まっすぐなパイプに多くの穴を開け、消音材としてグラスウールなどを使ったストレートタイプと、内部を迷路のようにしたタイプとがあります。

　ストレートタイプのマフラーは消音効果が小さい半面、排気の抜けが良く、迷路タイプのマフラーは逆に消音効果が大きい半面、排気の抜けが悪くなります（下図）。

第4章 エンジンを呼吸させる吸排気システム

一般的な排気システム

排気システムは、エキゾーストマニホールドからはじまる。図のタイプでは、排気干渉を考えて4気筒のエキゾーストマニホールドを2つにまとめ、さらに1つにしている。触媒コンバーターで排気ガスから有害物質を取り除き、マフラーで消音するのが一連の流れ。

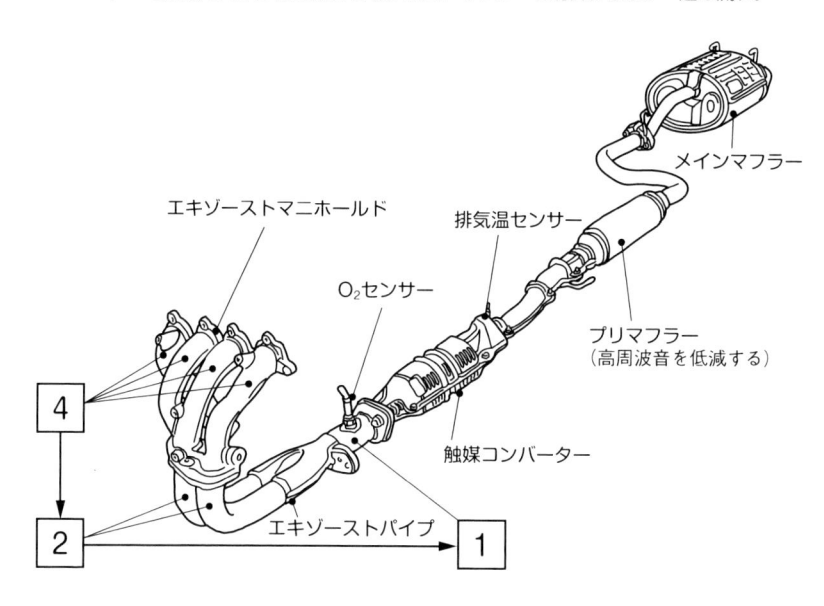

図中ラベル:
- エキゾーストマニホールド
- O_2センサー
- 排気温センサー
- メインマフラー
- プリマフラー（高周波音を低減する）
- 触媒コンバーター
- エキゾーストパイプ
- 4 → 2 → 1

マフラーの種類

①ストレートタイプ

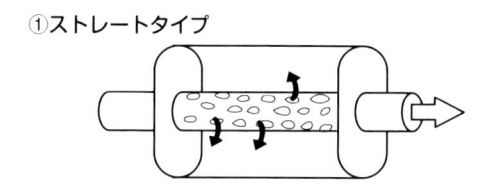

②迷路タイプ

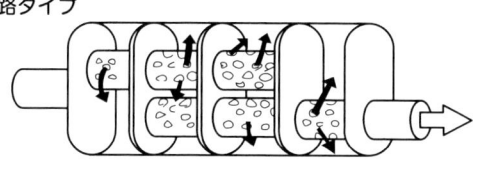

ストレートタイプのマフラーは、見たとおり排気の抜けは良いが、その分音が大きくなる。消音にはグラスウールなどが合わせて用いられる。迷路タイプのマフラーはメーカーの純正マフラーに多く、消音効果にすぐれるが抜けの良さでは劣る場合がある。

POINT
- ◎効率の良い排気システムは、吸気側に直接影響を与える
- ◎エキゾーストマニホールドでは、排気干渉を避けることが重要
- ◎マフラーには排気温度を下げ、消音をするための工夫がされている

093

1-7 排気ガスによる大気汚染を防ぐための工夫

排気ガスとして問題になるのは一酸化炭素（CO）、炭化水素（HC）、窒素炭化物（NOx）、地球温暖化の原因となる二酸化炭素（CO_2）がありますが、その抑制についてどんな対策を講じているのですか？

排気ガスによる大気汚染を防ぐための対策の主なものは次のとおりです。

（1）三元触媒による排気ガスの浄化

エンジンの**排気ガス**にはCO、HC、NOxが含まれます。**三元触媒**は、この3つの有害物質を酸化・還元反応によって処理するシステムです（上図①）。

COとHCに関しては、完全燃焼させれば二酸化炭素（CO_2）と水（H_2O）という人体に無害なものとなりますが、現実にはそうはならず、排気ガス中に残ります。一方NOxは、完全燃焼（高温）になればなるほど発生しやすくなります。そこで、窒素酸化物であるNOxに含まれる酸素をCOとHCに与え（酸化）、NOxは酸素を奪われた（還元）ことによりN_2（窒素）にして無害化するのがその原理です。

三元触媒を有効に機能させるためには、**理論空燃比**（104頁参照）を保つことが重要で（上図②）、これはエンジンの電子制御技術が進んだことで可能になったとも言えます。

（2）EGRによるNOxの低減

NOxは大気汚染物質の代表的なもので、これを減少させる方法が**EGR**（排気ガス再循環）です（中図）。NOxは高温で燃焼しているときに発生します。排気ガスには不活性ガスである二酸化炭素（CO_2）が含まれています。これを再び吸気に回すことで、燃焼温度を低下させ、排気ガス中のNOxを低減させます。

（3）アイドリングストップによるCO_2の削減

クルマはエンジンをかけても、つねに走っているわけではありません。信号待ちはもちろん、渋滞などを含めると、目的地に到着するまでかなりの時間をエンジンをかけたままでストップしていなければならないことになります。

止まっている間エンジンを停止させておければ（**アイドリングストップ**）、ムダな燃料の使用をしなくてすむので経済的ですし、地球温暖化の原因といわれるCO_2の削減にもなります（下図、120頁参照）。エンジンの停止と始動はコンピューターの判断によって行なわれます。始動時は、通常のスターターシステムを使用するものが多いのですが、バッテリーへの負担が大きいために専用バッテリーが必要となります。**スターターモーター**を極力使わない方法などもあります（158頁参照）。

三元触媒と浄化率

三元触媒は、酸化と還元を同時に起こして排気ガスを浄化する。初期の触媒は大量のペレットを詰め込んでいたため排気効率が悪かったが、現在はモノリス型といわれるハニカム構造を用いて排気効率を保っている(①)。性能発揮には理論空燃比を保つ必要がある(②)。

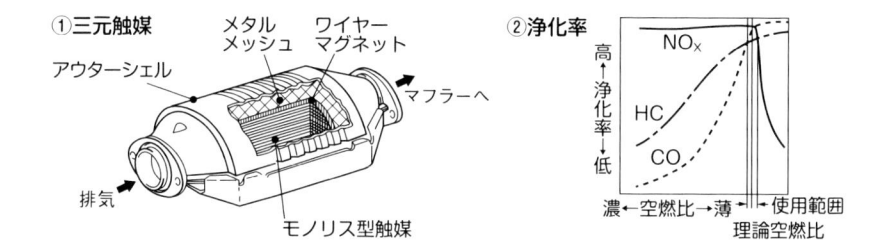

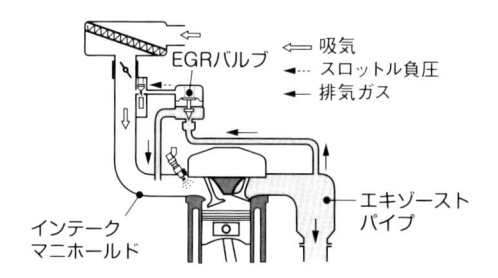

①三元触媒 — アウターシェル、メタルメッシュ、ワイヤーマグネット、マフラーへ、排気、モノリス型触媒

②浄化率 — 高←浄化率→低、NOx、HC、CO、濃←空燃比→薄、使用範囲、理論空燃比

EGR

EGRバルブ、吸気、スロットル負圧、排気ガス、インテークマニホールド、エキゾーストパイプ

EGRは排気ガスの一部を吸気側に戻すことにより、燃焼温度を下げ、排気ガス中のNOxの排出を抑制する働きを持つ。排気ガスには酸素が少ないために、それに合わせて燃料噴射が抑制されNOxが減る。

アイドリングストップの効果

多くの地方自治体でアイドリングストップ条例が実施されているが、神奈川県のアイドリングストップ啓発チラシによると、次のような効果があるとされている(乗用車の場合)。

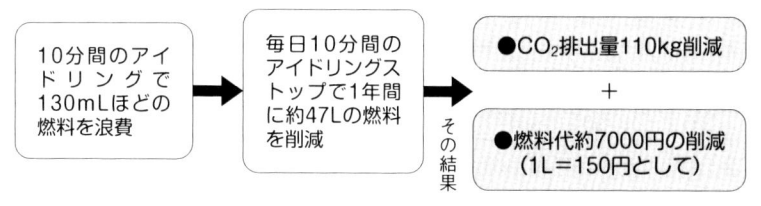

10分間のアイドリングで130mLほどの燃料を浪費 → 毎日10分間のアイドリングストップで1年間に約47Lの燃料を削減 → その結果:
- CO_2排出量110kg削減
- 燃料代約7000円の削減(1L=150円として)

※CO_2排出量は二酸化炭素換算重量

POINT
- ◎三元触媒は酸化と還元を同時に起こし、排気ガス中の有害物質を浄化する
- ◎EGRは排気ガスの一部を燃焼室に戻して燃焼温度を下げ、NOxを低減する
- ◎アイドリングストップは停車中にエンジンを停止させて燃費を改善する

2. 肺活量を飛躍的に大きくできるターボチャージャー

2-1 ターボでパワーが出る理由

ターボチャージャー(ターボ)やスーパーチャージャーを装着することで、エンジンのパワーアップが可能となりますが、これらはどのような構造・しくみになっているのですか？

ターボは一口でいうと、エンジンにより多くの空気（混合気）を送り込むことができる装置です。ターボ本体は、排気側に付けられた**タービン**と、それと同軸上に付けられた吸気側の**コンプレッサー**により構成されています。

排気エネルギーによって回転するタービンは、吸気側のコンプレッサーも回転させます。コンプレッサーは、シリンダー内に強制的に空気を送り込むので吸気量が増えます。それを適切に燃焼させれば**燃焼圧力**が大きくなり、パワーも上がります（上図）。

▶ターボによってパワーを上げられるがデメリットもある

ただし、強制的に空気を送り込むとエンジン側の負担も大きくなり、実質的に**圧縮比**（40頁参照）が上がるので、場合によっては**ノッキング**の発生やエンジン内部が破損する可能性もあります。そのため、エンジン本体の圧縮比を下げるなどの対処が行なわれます。

そうなると、ターボの**過給**がかかっていないときには低圧縮比でパワーがなく、レスポンスの悪いエンジンになります。つまり、ターボの過給がかかった状態ではパワーの増大が期待できますが、扱いにくいエンジンになる場合もあるわけで、市販車ではそのへんのバランスが重要になります。

現在のターボはかつてのパワー目的のものから、小排気量のエンジンに適切な大きさのターボを取り付けることによって燃費性能を上げる方向に変わってきました。この場合、もともとのエンジンの圧縮比も比較的高めとし、その特性を十分に活かしながら、不足する分をターボで補うという考え方となっています。

▶スーパーチャージャーは排気ではなくエンジン回転を利用して過給する

スーパーチャージャーもより多くの空気をシリンダー内に送り込むという意味ではターボと同じです。ただ、ターボが排気圧力を利用するのに対して、スーパーチャージャーは直接エンジン回転によって過給します。ターボのように圧縮をする遠心式、圧縮をせずに過給するルーツ式などの方法があります（下図）。

アクセル操作に対して比較的素直であるというメリットがある反面、高回転では高い排気圧力が利用できるターボに劣るというデメリットを持っています。

第4章 エンジンを呼吸させる吸排気システム

ターボチャージャー

空気は加圧媒体なので、ターボで圧縮してシリンダーに入れれば、ターボなしで負圧のみを利用して吸気するよりも多くの吸気が可能となる。あわせて燃料噴射量を増やせば、その分燃焼圧力が大きくなり、パワーを増すことができる。

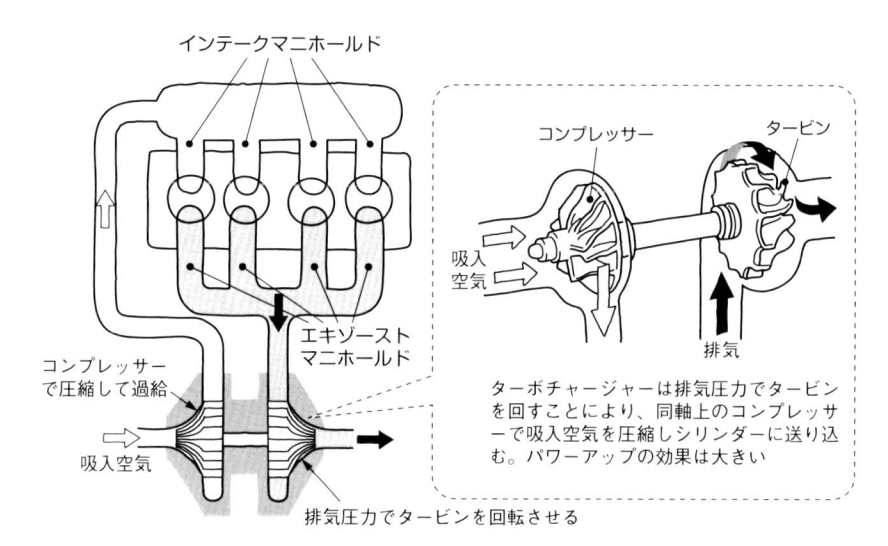

ターボチャージャーは排気圧力でタービンを回すことにより、同軸上のコンプレッサーで吸入空気を圧縮しシリンダーに送り込む。パワーアップの効果は大きい

スーパーチャージャー（ルーツ式）

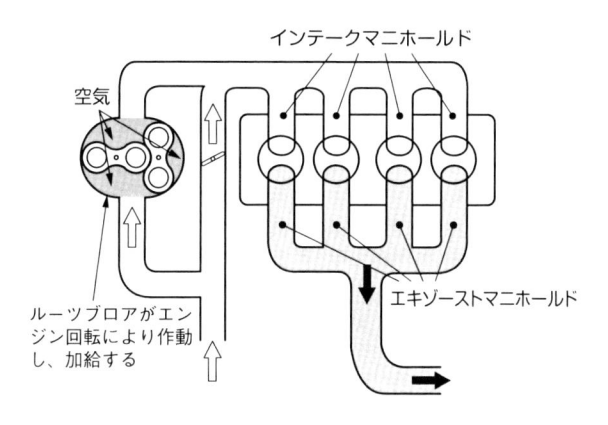

スーパーチャージャーは排気圧力ではなくエンジンの回転を直接利用する。図はルーツ式と呼ばれるもので、圧縮せずに過給を行なう。

POINT
◎ターボチャージャーは排気圧力を利用し、より多くの吸気を可能とする
◎吸入空気を圧縮してシリンダーに送り込むことによりパワーを上げられる
◎スーパーチャージャーは、エンジンの回転により多くの吸気を行なうシステム

2-2 インタークーラーの効用

現在、インタークーラーは、ターボやスーパーチャージャーとセットになって装着されていることが多いようです。これによって空気の充填効率が高まるということですが、それはなぜですか？

　ターボの装着によるパワーアップは強力なものですが、じつは単にターボだけを装着してもその効果はあまり期待できません。なぜなら、空気は圧縮されると温度が上がって密度が下がってしまうため、せっかくターボで大量に送り込もうとしても、そのままだと空気の充填効率が良くないからです。

■インタークーラーは温度が上がった空気を冷やす役目を持つ

　そこで過給による圧縮で温度が上がった空気を冷やして、充填効率を良くするためにインタークーラーが装着されます。

　インタークーラーには空冷式と水冷式があります。主流となっている空冷式インタークーラーのしくみは単純で、過給により圧縮された空気の通り路に走行風が当たるコアを設け、そこを通った熱い空気を冷やしています（上図）。

　ターボの過吸が行なわれるのは、アクセルを強く踏み込んで加速するときなのである程度のスピードで走行しており、走行風を利用するこの方式が効果を発揮します。ただ、空冷式は吸気系統が長くなり、**ターボラグ**（アクセルを踏んで回転が上がってからターボが効くまでの時間的なズレ）が大きくなる傾向があります。

　これに対して水冷式は、吸気系統を短くすることが可能で、ターボラグを小さくできます。そのため、低中速域からスムーズにターボを効かせたいときに有効といえます。ただし、吸気を冷やした水を冷却するためのサブラジエターが必要になるなど、空冷式より機構が大掛かりになるのがデメリットとなります（中図）。

■空冷式はインタークーラーを装着する位置が重要

　空冷式インタークーラーの効率を上げるには、パイピング（配管）の配置と長さが重要になります。それがターボラグを防ぐ手段となるからです。

　空冷式インタークーラーは、冷却風の当たりやすいクルマのフロントグリル内（前置き）や、ボンネットにエアインテークを設けてエンジン上面（上置き）などに装着します。

　冷却効率はフロント部に付けたほうがいいのですが、エンジン上面に比べてパイピングが長くなる傾向もあるため、このへんはエンジンの設計や使用用途によって変わってくる部分です（下図）。

第4章 エンジンを呼吸させる吸排気システム

空冷式インタークーラー

空冷式のインタークーラーは、走行風をインタークーラーに当てることで、ターボによる圧縮で温度の上がった(密度の下がった)空気を冷却し、充填効率を高める。

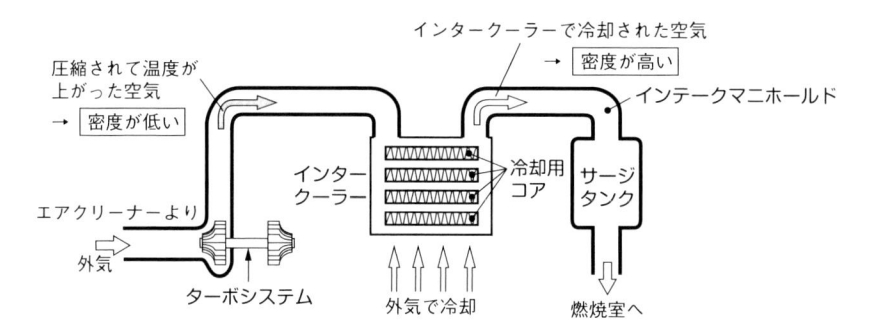

水冷式インタークーラー

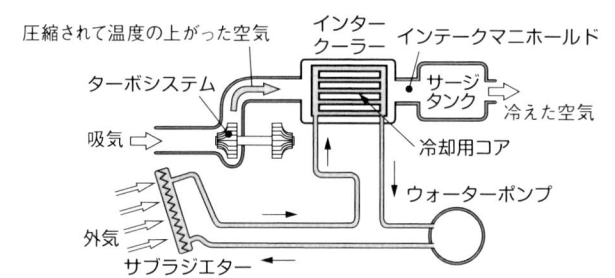

水冷式インタークーラーは、冷却用のコアが空冷式に比べて小さくできることや、冷却が走行風に依存しないことから、低回転からターボが効くなどのメリットがある。ただ、冷却のためのサブラジエター等が必要になり、システム全体をコンパクトにするのが難しいデメリットもある。

空冷式インタークーラーの配置

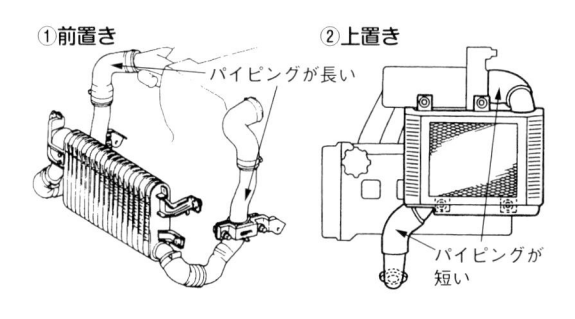

① 前置き
② 上置き

空冷式インタークーラーには、前置きと上置きがある。前置きの場合は、走行風が当たりやすく冷却効率は高いが、パイピングが長くなりアクセルレスポンスが悪くなる場合がある。上置きは冷却的に難しい半面、パイピングを短くできる。

POINT
- ◎インタークーラーは、過給により温度が上がった空気を冷却して密度を高める
- ◎空冷式はシンプルな構造、水冷式は低回転からターボを効かせることができる
- ◎インタークーラーの装着位置、パイピングもエンジン性能に影響を与える

COLUMN 4

意外と手軽にできる？
吸排気効率のアップ

　モータースポーツなどで、エンジンの効率をアップしようと考えると、「給排気系のチューニング」が手軽で、いちばん先に行なうことが多い部分です。これは「改造」と呼べるほどのものではなく、そのままで車検に受かる正しいやり方が普及してきています。

　エンジンは人間と同じように呼吸をしているようなものですから、吸入から排気までをトータルで見ることによって性能が上がります。性能アップの手段として、吸気系ではエアクリーナーを高効率のものに交換する方法があります。エアクリーナーは空気の汚れを取り除きますが、実際には吸気抵抗になっているので、それを減らしてやるわけです。

　ノーマルの形状のものであれば、単に交換するだけで効率がアップするのでやってみる価値があります。さらに吸気効率を上げようとすれば、吸気開口面積の大きいキノコ型をしたものがあります。ただし、これはエンジンルーム内にエアクリーナーがむき出しになってしまい、熱気を吸って効率が下がることもあるので、付随してエンジンルーム内に遮熱板を設ける必要が出てきたり、吸気抵抗が減る分ゴミを取らない傾向があります。それだけに、ちょっとハードルが高いかもしれません。

　吸気側を見たら排気側も見る必要があります。いちばん簡単なのはマフラー交換ということになりますが、しっかりとつくられたものであれば、排気効率を上げてエンジン性能を十分に発揮させることに役立ちます。

　もちろん見た目や音などもスポーティなものになっているならば、オーナーの満足度は高いでしょう。マフラーメーカーからも国の保安基準に適合したマフラーが発売されていますので、そうしたものを付ければ車検のときもそのままで合格できることになります。

　ノーマル形状エアクリーナーと車検対応マフラーという組合せは、エンジン系の改良という意味では、もっとも手軽なものといえるかもしれません。

第5章

動力の元となる燃料に関連するシステム

System in conjunction with the fuel

1. エンジンへの燃料供給システム

1-1 燃料供給装置の役割としくみ

エンジンを作動させるには燃料が必要ですが、燃料タンクに蓄えられたガソリンを混合気にするシステムは、どのようなパーツから構成されているのですか?

　まず、燃料がどのような経路をたどるのかをざっと見てみましょう。

　内燃機関であるエンジンを動かすための燃料は、燃料タンク(フューエルタンク)に蓄えられています。そこからフューエルポンプで吸い上げられて、フューエルフィルターで濾過され、水やゴミが取り除かれます。

　さらにプレッシャーレギュレーターで圧力を整え、フューエルデリバリーパイプを通りインジェクターに達します(上図)。

■ガソリンを噴射するまでにはさまざまな経路が必要

　それぞれのパーツをもう少し詳しく見ていきます。**フューエルタンク**は鋼板に亜鉛メッキなどを施して、サビを防ぐ工夫がされています。また、樹脂製のものも増えてきています。

　内部にはセパレーターと呼ばれる仕切り板があり、燃料が揺れにくいようにしています(上図)。搭載位置は、通常はリヤの車軸よりやや前方になります。これは衝突の際の安全性を考えているからです。

　フューエルタンクには**フューエルポンプ**が付けられています。これは、タンクからプレッシャーレギュレーターに燃料を送り出す装置で、電動式になっているのが一般的です。フューエルタンク内にあるのは、連続使用することによる発熱をガソリンで冷却する意味もあります(中図)。

■ガソリンの圧力を決められた範囲に整えるプレッシャーレギュレーター

　フューエルポンプは、フューエルパイプ内のガソリンの圧力を上げてつねに安定した燃料噴射をするために設けられています。といっても、圧力が上がりすぎるのも良くないので、それを調整するために**プレッシャーレギュレーター**が装着されています。

　これはガソリンの圧力を基準値に整えてインジェクターに送る働きをしており、圧力が上がりすぎた場合はフューエルタンク内に燃料を戻します(下図)。

　フューエルパイプを通じて送られてきた燃料は、**フューエルデリバリーパイプ**から**インジェクター**へと続き、ここで適切な量が噴射されますが、これについては112頁で詳しく解説します。

第5章 動力の元となる燃料に関連するシステム

🔧 燃料系統（フューエルタンクからインジェクターまで）

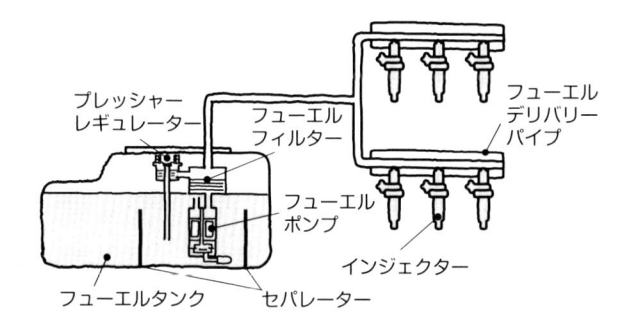

燃料はフューエルタンクに蓄えられる。サビを防ぐために鋼板を処理したり、プラスチックが用いられることもある。燃料はフューエルポンプで電動によって吸い上げられるが、圧力を調整するためにプレッシャーレギュレーターが付けられている。

（図：プレッシャーレギュレーター、フューエルフィルター、フューエルデリバリーパイプ、フューエルポンプ、インジェクター、フューエルタンク、セパレーター）

🔧 フューエルポンプの構造

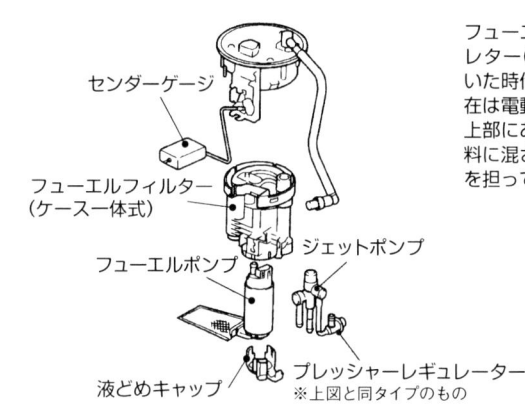

（図：センダーゲージ、フューエルフィルター（ケース一体式）、フューエルポンプ、ジェットポンプ、液どめキャップ、プレッシャーレギュレーター ※上図と同タイプのもの）

フューエルポンプは、燃料噴射にキャブレター（気化器：106頁参照）を用いていた時代には機械式が用いられたが、現在は電動モーターとなっている。ポンプ上部にあるフューエルフィルターは、燃料に混ざった余分な物質を濾過する役割を担っている。

🔧 プレッシャーレギュレーター

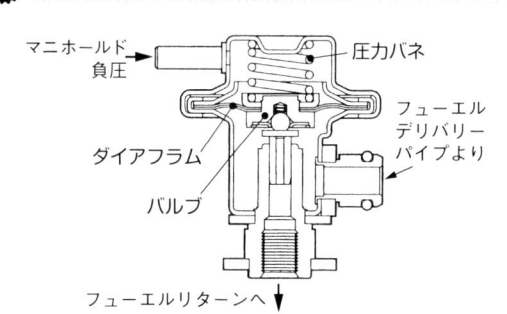

（図：マニホールド負圧、圧力バネ、ダイアフラム、バルブ、フューエルデリバリーパイプより、フューエルリターンへ）

このタイプのプレッシャーレギュレーターは、上図や中図と違い、インジェクター近くに装着される。ガソリン噴射圧を一定にコントロールする役割を持ち、インテークマニホールドの負圧とフューエルポンプの圧力の差を一定に保つ。圧力が高くなりすぎると、燃料の一部をフューエルタンクに戻す。

> **POINT**
> ◎フューエルタンクは、サビの防止、衝突時の安全性などに配慮されている
> ◎フューエルフィルターは、燃料に混ざった不純物を取り除く
> ◎プレッシャーレギュレーターは、燃料の圧力を調整している

1-2 混合気と理論空燃比

ガソリンは空気(酸素)と混じり合って混合気をつくり出すことで、効率よく燃焼するそうですが、なぜガソリンだけではうまく燃焼しないのですか? また、理論空燃比とはどういうことでしょうか?

ガソリンエンジンは、ガソリンだけでは動かすことができません。火を近づけると燃え出す"引火点"が−40度以下ととても低く、常温でも燃えるのがガソリンの特徴ですが、空気(酸素)と混ぜ合わせてピストンで圧縮し、スパークプラグで着火すると強い**燃焼圧力**を発生します。

▮理想的な空気とレギュラーガソリンの割合は14.7:1

空気と混ぜ合わせる割合によっても、燃焼のしかたが変わってきます。この割合のことを**空燃比**(空気燃料比)といいます。

これは混合気に含まれる空気の重量を燃料の重量で割った値で、**A/F**(エーバイエフ:AはAirのA、FはFuelのF)とも呼ばれます。レギュラーガソリン1に対して空気が14.7のときを**理論空燃比**といい、これが完全燃焼できる割合とされています。94頁で述べたとおり、排気ガス浄化の役割を担う**三元触媒**も、この理論空燃比のときもっともよく作用します。

ただ、実際の出力はガソリンが少し多めの12から13くらいがいちばん高くなり、これを**最大出力空燃比**といいます(図)。

エンジンはドライバーがスロットルバルブをアクセルで開くことによって、エンジン内に空気を取り入れます。**電子制御燃料噴射装置**を用いた現代のクルマでは、スロットルバルブ付近に設置されたエアフローメーターが流入空気量を感知して、その空気量に合わせた燃料を噴射し混合気をつくり出します(108頁参照)。

また、アクセルペダルが物理的にケーブルでつながったタイプのスロットルバルブでは、アイドリング状態で理論空燃比となっても、アクセルのオンオフでガソリンが濃くなったり薄くなったりする幅があります。

▮コンピューター制御により精密な空燃比の維持が可能となった

電子制御スロットルを採用したクルマであれば(90頁参照)、走行状況に応じて、ドライバーの意思を先回りして感知するような精密な制御を行なうので、走行状態に合わせた空燃比付近を保てるようになり、走行性能や環境性能、燃費の面でも有利になることが多くなっています。こうした面も、クルマが電子制御化されたことにより進化したところといえるでしょう。

第5章 動力の元となる燃料に関連するシステム

空燃比と出力、燃料消費率との関係

空気と燃料がもっとも効率よく反応する空燃比を理論空燃比といい、レギュラーガソリンの場合は、14.7：1になる。これはガソリン1に対して空気が14.7ということを意味する。これよりガソリンが濃い状態をリッチ、薄い状態をリーンと呼ぶ。最大出力空燃比は12〜13：1になる。

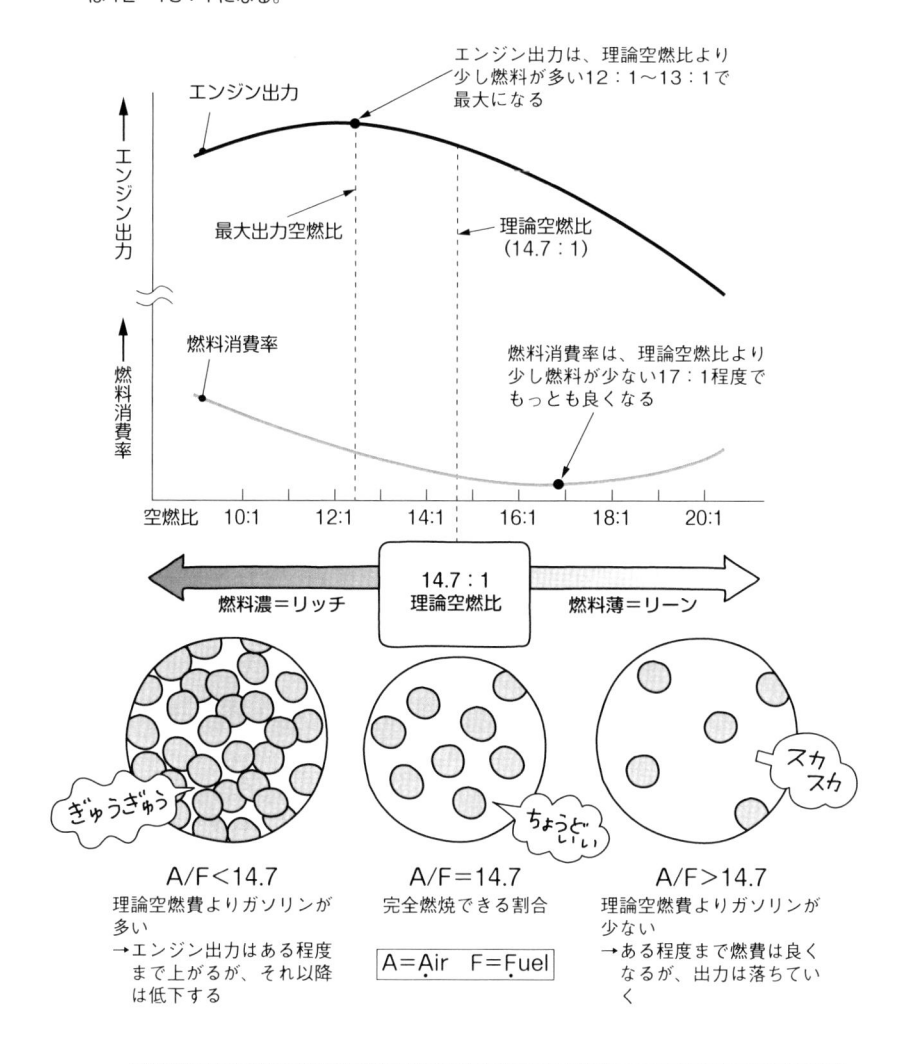

- エンジン出力は、理論空燃比より少し燃料が多い12：1〜13：1で最大になる
- 最大出力空燃比
- 理論空燃比（14.7：1）
- 燃料消費率は、理論空燃比より少し燃料が少ない17：1程度でもっとも良くなる

空燃比 10:1　12:1　14:1　16:1　18:1　20:1

14.7：1 理論空燃比
← 燃料濃＝リッチ　　燃料薄＝リーン →

A/F＜14.7
理論空燃費よりガソリンが多い
→エンジン出力はある程度まで上がるが、それ以降は低下する

A/F＝14.7
完全燃焼できる割合
A＝Air　F＝Fuel

A/F＞14.7
理論空燃費よりガソリンが少ない
→ある程度まで燃費は良くなるが、出力は落ちていく

POINT
- ◎混合気は空気と燃料の混じり合ったもので、空燃比として数値で表わせる
- ◎理論空燃比は14.7：1で、このときにもっとも良い燃焼が行なわれる
- ◎濃い（リッチ）、薄い（リーン）の状態でもある程度まではメリットがある

2. シリンダー内への燃料噴射

2-1 キャブレターの役割としくみ

現在のクルマは、電子制御による燃料噴射装置を使っていますが、その前に使用されていたキャブレター（気化器）はどうやって混合気をつくっていたのですか？

キャブレターは、霧吹きの原理を応用した装置です。筒状になったところに空気を流すと、圧力が周りに比べて低くなります（**負圧**）。これを**ベンチュリー効果**といいます。エンジンの場合は、シリンダー内でピストンが上下しており、ピストンが下がるときに空気が流れ、負圧をつくり出します。

▎空気の流れの中に燃料を供給するパイプを出し、負圧で吸い出す

このようにして圧力が低くなった空気の通り路に、燃料の入ったパイプの先を出しておけば、ガソリンが自動的に吸い出され、霧化して空気と混じり**混合気**となるわけです。その混合気は吸気バルブからシリンダー内に流れ込みます。これがキャブレターの基本的な働きです（上図）。

原理は簡単とはいえ、ただ燃料をシリンダーに流し込んでも、適切な空燃比にはなりません。

燃料を吸い出す部分の内径寸法をメインボアサイズといい、キャブレターの大きさはこれで決まります。このメインボアサイズに対して燃料を供給するパイプの太さを決めておくことで、ほぼ一定の空燃比の混合気をつくり出します。

燃料は、燃料タンクから吸い上げられて、キャブレターの**フロート室**に蓄えられます。フロートはガソリンが使われて、量が少なくなったときに下がることによって、燃料パイプからガソリンを供給するようになっています。

燃料を供給するパイプを**メインジェット**といい、エンジンの運転状況に合ったものを選べば、比較的適切な空燃比の混合気をつくることができます（上図）。

▎シンプルだが精密な制御ができない面がある

とはいっても、アイドリング時には負圧が小さいため適量のガソリンを吸い出しにくく、急加速をしたいときにはガソリンを多めにして**最大出力空燃比**に近づけるという融通が効かないので、加速ポンプ（下図②）やスローエアブリード（下図④）などの工夫がされるようになっています。

基本的にキャブレターはシンプルで、コストも安いという特徴があります。ただし、きめ細やかな制御ということでは、現代の**電子制御燃料噴射装置**には劣る部分が多く、姿を消しつつあります。

第5章 動力の元となる燃料に関連するシステム

キャブレターの基本的な概念

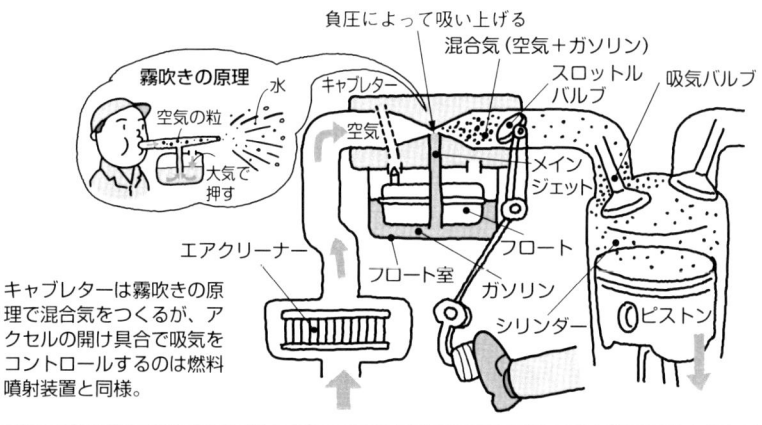

キャブレターは霧吹きの原理で混合気をつくるが、アクセルの開け具合で吸気をコントロールするのは燃料噴射装置と同様。

キャブレターの作動

キャブレターはメインジェットから供給する燃料で混合気をつくるが(①)、それだけでは融通が効かない面がある。特に加速時には、反応を良くするため加速ポンプを作動させて燃料を増量し出力を上げる(②)。また、アクセル全開時には高回転高負荷に対応するため、パワージェットがメインジェットの補助をする(③)。負圧の小さいアイドリング時はスローエアブリードから燃料を供給する(④)。

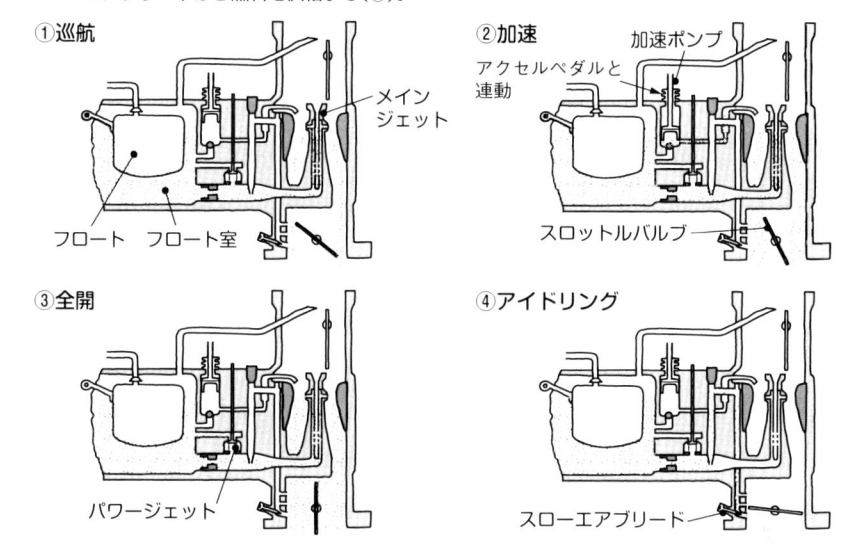

①巡航

②加速

③全開

④アイドリング

POINT
- ◎キャブレターは、ピストンが下がるときの負圧を利用して燃料を吸い出す
- ◎シンプルな構造でコストも安く、かつては燃料供給装置の主役だった
- ◎さまざまな工夫をしても、精密な制御では電子制御燃料噴射装置に劣る

107

2-2 燃料噴射装置（インジェクション）の役割

かつてはキャブレターで燃料を供給していたが、より精密に混合気をつくる必要から、機械制御式や電子制御式の燃料噴射装置が主流になったということですが、これはどのようなものなのですか？

　燃料噴射装置は、キャブレターに変わって登場してきたもので、種類としては大きく分けて機械制御式と電子制御式があります。

　前項で説明したように、**キャブレター**は吸入空気の**負圧**で燃料を吸い出していました。アクセル開度が小さければ負圧も小さいので燃料が少なく、アクセル開度が大きければ負圧も大きいので燃料が多く供給されて**空燃比**が調整されますが、それでは大雑把にならざるをえません。

■燃料噴射装置は、エアフローメーターで吸気量を管理する

　それに対して燃料噴射装置は、**エアフローメーター**によって吸入空気量を感知し、それに合わせた燃料を**インジェクター**から直接噴射するしくみで、より正確に空燃比を調整できるという特徴があります（上図）。

　ちなみに、**インジェクション**といういい方をした場合、燃料噴射システム全体のことで、インジェクターは、燃料噴射するユニットそのものを表します。以降は、燃料噴射装置のことをインジェクションと呼ぶことにします。

　先ほど、インジェクションには機械制御式と電子制御式があるといいましたが、ここでは機械制御式インジェクションを中心に説明します。これにもいくつかの種類がありますが、代表的なボッシュ社のKジェトロニックを例に解説します。

■機械制御式インジェクションは、吸気量に応じてスイッチが動かされる

　Kジェトロニックの特徴は、**スロットルバルブ**の後ろにセンサープレートと名付けられた吸気で動く板が付けられていることです。これはエアフローメーターのスイッチとレバーによって連結されています。センサープレートの動きによって、燃料の量がコントロールされ、インジェクションにガソリンが送られます（下図①）。

　Kジェトロニックは、シンプルで信頼性も高いものですが、燃料の噴射が連続的に行なわれるという面ではキャブレターと同様で、きめ細かく空燃比を制御できる電子制御式には劣り、姿を消しました。

　電子制御式は、その欠点を補うためにエアフローメーターでの吸気量をECU（エレクトロニック・コントロール・ユニット）に伝えて、インジェクターの燃料噴射などをコンピューター制御しています（下図②、次項参照）。

第5章 動力の元となる燃料に関連するシステム

燃料噴射装置の考え方

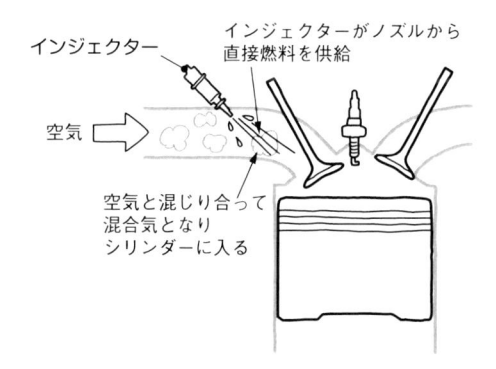

キャブレターは吸気による負圧で燃料が空気に混じることで混合気をつくるが、燃料噴射装置（インジェクション）はインジェクターによって燃料が噴射されることで混合気をつくる。

（図：インジェクター、空気、インジェクターがノズルから直接燃料を供給、空気と混じり合って混合気となりシリンダーに入る）

機械制御式インジェクションと電子制御式インジェクション

機械制御式は吸気量をエアフローメーターで測り、燃料をインジェクターから噴射する。それに対して電子制御式はエアフローメーター（フラップ式）で測るのは同じだが、エンジンの状況をECUが管理しており、そこからの指示でインジェクターがコントロールされる。

①機械制御式インジェクション（Kジェトロニック）

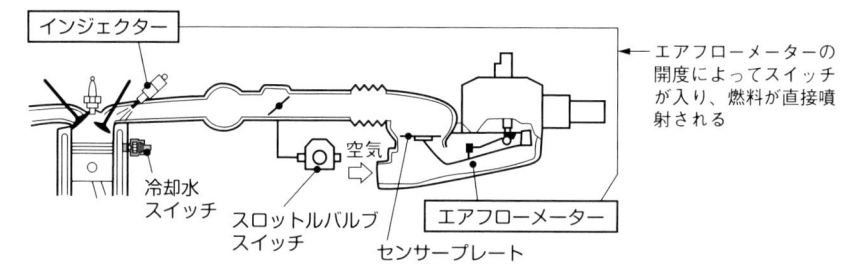

（図：インジェクター、冷却水スイッチ、スロットルバルブスイッチ、空気、センサープレート、エアフローメーター）

エアフローメーターの開度によってスイッチが入り、燃料が直接噴射される

②電子制御式インジェクション（Lジェトロニック）

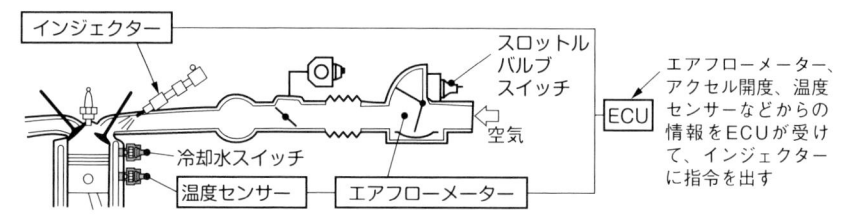

（図：インジェクター、冷却水スイッチ、温度センサー、エアフローメーター、空気、スロットルバルブスイッチ、ECU）

エアフローメーター、アクセル開度、温度センサーなどからの情報をECUが受けて、インジェクターに指令を出す

POINT
- ◎インジェクションは、インジェクターが直接燃料を噴射するシステム
- ◎機械制御式インジェクションと電子制御式インジェクションの2種類がある
- ◎機械制御式は、シンプルだがきめ細かさで電子制御式に劣る

2-3 電子制御式インジェクションの制御

現在のクルマがコンピューター制御となったのは、電子制御式インジェクションが普及しはじめたことが大きな要因だといわれていますが、これはどのようなしくみによって制御されているのですか？

キャブレターや一部のクルマの機械制御式インジェクションに代わって、現在のクルマは**電子制御式インジェクション**が採用されています。これによってより精密な燃料噴射が行なわれ、**空燃比**の調整の正確さも高まってきました（図）。

電子制御の要となっているのは、エンジンの運転状況やクルマの走行状況に応じて、最適な燃料噴射の量などを決める制御装置ECU（エレクトロニック・コントロール・ユニット）です。

■ECUが各センサーからの情報を受け取り、状況に合わせた指示を出す

ECUには、吸気量を測るエアフローメーターや吸気圧力センサー、吸気温センサー、エンジン回転センサー、ノッキングを感知して点火時期を調整するノックセンサー、スロットル開度を認識するスロットルポジションセンサー、車速センサー、三元触媒を有効に働かせるためのO_2センサーなどからの情報が集まります。

各センサーからの情報を得たECUはアクセル開度を踏まえて、その時々に応じた指令を出し、**インジェクター**がそれを受けて適切な量の燃料を噴射します。ECUには「各センサーからどのような信号がきたら、どのように対処する」というデータが大量に書き込まれており、これによって現代のクルマの精密な制御が可能になっているのです。

■点火時期の制御もECUによる大きな仕事の1つ

制御に関するもう1つの大きな仕事は、**点火時期**の進角です。点火時期については134頁で詳しく解説しますが、簡単にいうとピストンが上死点に来たときに**スパークプラグ**が点火するタイミングのことで、これはエンジンの回転数が高くなれば早くする必要があります。

かつてこの部分は、ディストリビューター内に装着された遠心ガバナーによりアナログ的に制御されていました（134頁参照）。しかし、これでは反応が遅く限界があります。

エアフローメーターとエンジン回転センサーからの信号で、点火時期を早めないと燃焼のタイミングが合わなくなると判断したECUがこれを実行することよって、より正確な制御を可能としています。

第5章 動力の元となる燃料に関連するシステム

◎ 電子制御式インジェクションのシステム図

このシステムは、吸気量を吸気圧力センサーで測るタイプ（Dジェトロニック式）。そこからの情報や、各センサーから送られてくる情報をもとに、インジェクターからエンジンの状況に合った量の燃料が噴射される。すばやく強くアクセルを踏み込めば、混合比をパワーが出る割合に調整し、点火時期を進めるなどのコントロールをECUからの指示で行なうことになる。

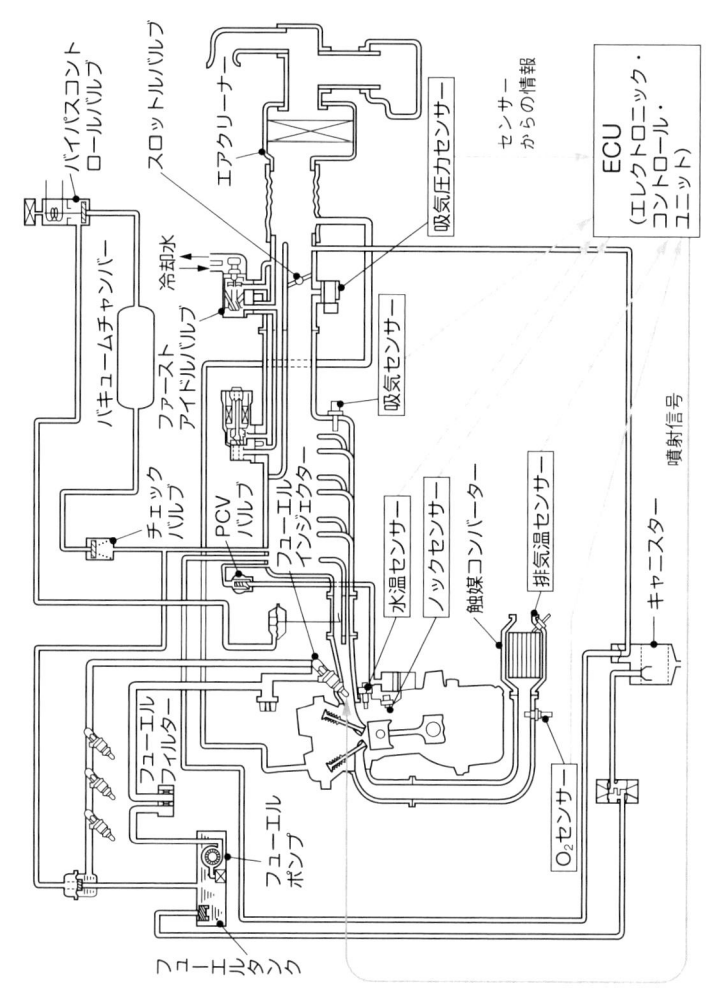

POINT
- ◎電子制御式インジェクションは、エンジンの運転状況をセンサーが管理している
- ◎センサーの情報は、電子信号となってECUに伝えられる
- ◎ECUの指令によって、最適な燃料噴射や点火時期の調整を行なう

111

2-4 燃料を噴射するインジェクターのしくみ

インジェクション(燃料噴射装置)で最終的に燃料を噴射するのはインジェクターですが、この装置は噴射量をどのようなしくみによってコントロールしているのですか?

インジェクターは、筒状の本体に燃料を噴射するノズルが付いた形をしています。ノズルの先は、内側からニードルバルブと呼ばれる部品でフタをしたような構造となっています。

■インジェクターはニードルバルブが動かされることで燃料を噴射する

作動は電気信号により電磁的に行なわれます。ソレノイドコイルという部品があり、そこに電流が流れると電磁石となってプランジャーを引き寄せ、ニードルバルブが開いて先端のノズル孔から燃料が噴射されます。

通電が止まると磁力が失われ、プランジャーとニードルバルブはスプリング圧で元に戻り、ノズル孔を塞ぎます(上図)。

■シングルポイント式とマルチポイント式

噴射の方式にはインテークマニホールドの集合部で噴射するシングルポイントインジェクション(SPI)と、各シリンダーのそれぞれのマニホールドに噴射するマルチポイントインジェクション(MPI)があります(下図)。

SPIは、キャブレターの位置にインジェクターがあると考えればいいのですが、空気に燃料が引き出されるキャブレターより正確に噴射量をコントロールできるので、上手に混合気がつくれるといっていいでしょう。

MPIはシリンダーに対応したインテークマニホールドにインジェクターが備えられていますが、エンジンの回転に同期して各シリンダーの吸入行程に合わせて噴射する独立噴射と、吸入行程が連続したシリンダーをグループにして噴射するグループ噴射があります。

独立噴射のほうが必要な量の燃料を最適なタイミングで噴射できますが、ノズルの駆動を制御する電気回路が大掛かりになるので、コストも考えなければならない実用車用のエンジンでは、少し精密さで劣ったとしてもグループ噴射で十分とされています。

グループ噴射をさらに簡単にした同時噴射もあります。これは、ピストンが下がる吸入行程と燃焼行程に燃焼に必要なガソリンを2回に分けて噴射し、吸入行程でまとめてシリンダーに吸入しようというものです。

第5章 動力の元となる燃料に関連するシステム

⚙ インジェクターの装着位置と構造

インジェクターは、スロットルバルブが開かれ、ピストンが下がることによって吸入される空気に直接的に燃料を混ぜることで混合気をつくる。通常は吸気ポート内に装着されるが、シリンダー内直噴のものもある(156頁参照)。

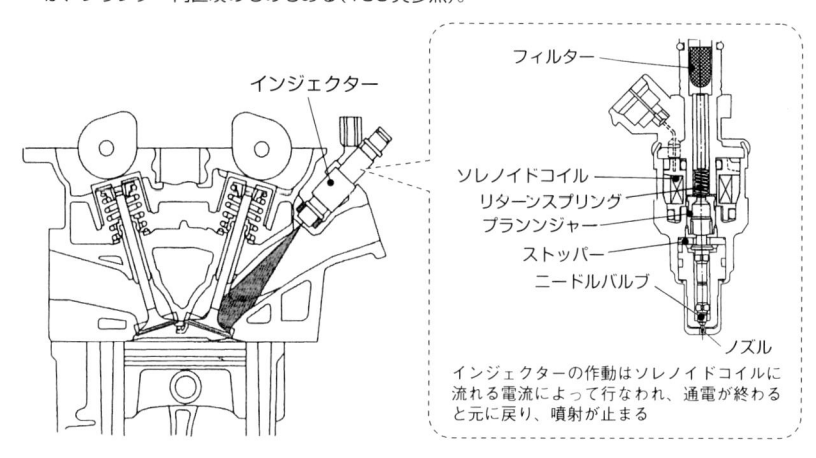

インジェクター

フィルター
ソレノイドコイル
リターンスプリング
プランジャー
ストッパー
ニードルバルブ
ノズル

インジェクターの作動はソレノイドコイルに流れる電流によって行なわれ、通電が終わると元に戻り、噴射が止まる

⚙ シングルポイント式とマルチポイント式による違い

シングルポイント式は、キャブレターの位置にインジェクターがある。マルチポイント式は、各シリンダーにインジェクターがあるため、シリンダーごとに最適なタイミングで噴射ができる。また、吸気バルブの近くにあるので効率も良い。マルチポイント式には、独立噴射、グループ噴射、同時噴射の3種類がある。

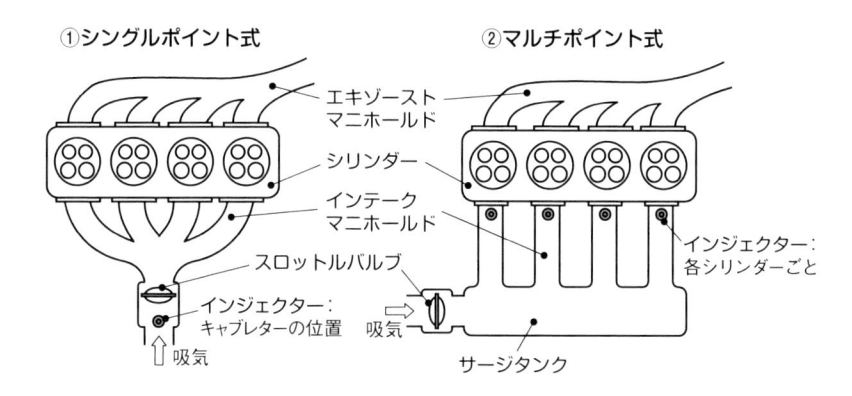

①シングルポイント式

エキゾーストマニホールド
シリンダー
インテークマニホールド
スロットルバルブ
インジェクター：キャブレターの位置
吸気

②マルチポイント式

インジェクター：各シリンダーごと
吸気
サージタンク

POINT
- ◎インジェクターは、ソレノイドコイルに電流を流すことでバルブが開閉する
- ◎シングルポイント式とマルチポイント式に分けることができる
- ◎マルチポイント式には、独立噴射、グループ噴射、同時噴射がある

2-5 運転状況に応じた燃料噴射量

空気とガソリンがもっとも効率よく燃焼する比率が理論空燃比だということですが、それを保てばいいのでなく、運転状況に応じた適切な割合があると聞きました。具体的にはどのようになっているのですか？

104頁でも述べましたが、**理論空燃比**は14.7（空気）：1（燃料）で、これが完全燃焼できる空気と燃料の割合です。ただ、エンジンのパワーだけに限ってみると、もう少し燃料の量が多い12：1くらいのところで燃焼速度が速くなります（**最大出力空燃比**）。

簡単にいえば、ガソリンが多めにあったほうがよく燃えるということです。これが「**リッチ**」の状態ですが、多めがいいといっても、これ以上多いと出力はかえって落ちてしまいます（105頁図参照）。

◼︎運転状況に適した空燃比がある

エンジンの始動時にはもっとガソリンが濃い5：1くらいの空燃比にすることが必要です（上図）。燃焼にはガソリンの霧化が必要ですが、エンジンが冷えている状態では霧化しづらく、燃料を噴射してもポート壁に付着してしまうために多くガソリンを噴射することが必要になるのです。

一方燃費を考えた場合は、理論空燃比より空気が多い17：1くらいのところがよくなります。燃焼するときに空気と出会えないガソリンを少なくして、酸素が少し残るくらいでないとガソリンが完全に燃え切らないのです。この状態が「**リーン**」です（105頁図参照）。

◼︎コンピューター制御できめ細やかな燃料噴射が可能となった

キャブレターを使用していた時代には、空燃比の調整が非常に難しく、キャブセッティングという技術が必要とされました。特に速く走らなければいけないレーシングカーなどでは、それによって速さが違ってしまう面もあったために神経質になりました。

現在では、こうした制御は電子制御式の**インジェクション**によって行なわれています。空燃比センサーなどによりコンピューターがエンジンの置かれた状況を判断しながら空燃比の制御を行ないます（110頁参照）。

「基本噴射量」をベースに「始動時増量」「暖気増量」、加速時に必要となる「出力増量」など、必要な量の燃料を適切なタイミングで噴射して、理想的な空燃比となるように制御されているのです（下図）。

第5章 動力の元となる燃料に関連するシステム

走行状況に適した空燃比

空燃比はA/Fと表現されることもある（104頁参照）。理論空燃比は14.7：1だが、始動時は5：1、加速時は12：1、燃費を良くしたい場合は17：1と変化する。現在のエンジンでは、空燃比センサーからの信号をコンピューターが受けて制御している。

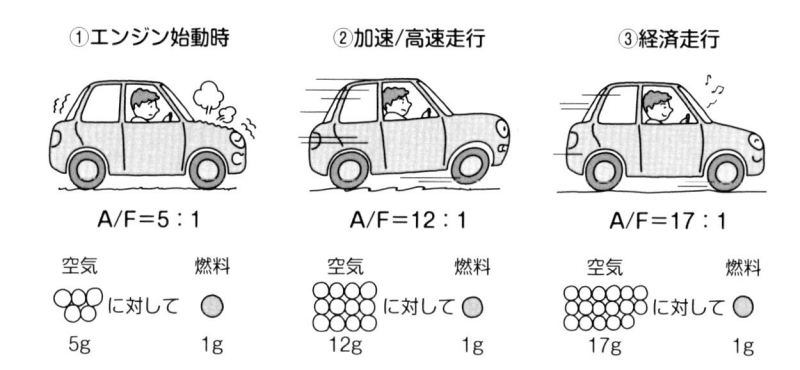

①エンジン始動時　　②加速/高速走行　　③経済走行

A/F＝5：1　　A/F＝12：1　　A/F＝17：1

空気　燃料　　　空気　燃料　　　空気　燃料
○○○○ に対して ○　　○○○○○○○○○○○○ に対して ○　　○○○○○○○○○○○○○○○○○ に対して ○
5g　　1g　　　12g　　1g　　　17g　　1g

運転状況に応じた燃料の噴射例

この図を見てもわかるとおり、エンジン始動時は暖気、始動、スタートインジェクター分の燃料が増量されている。暖気が終わるにつれて増量が少なくなり、スロットルバルブ全開時には出力増量がされている。エンジンブレーキを使用するときは燃料がカットされる。

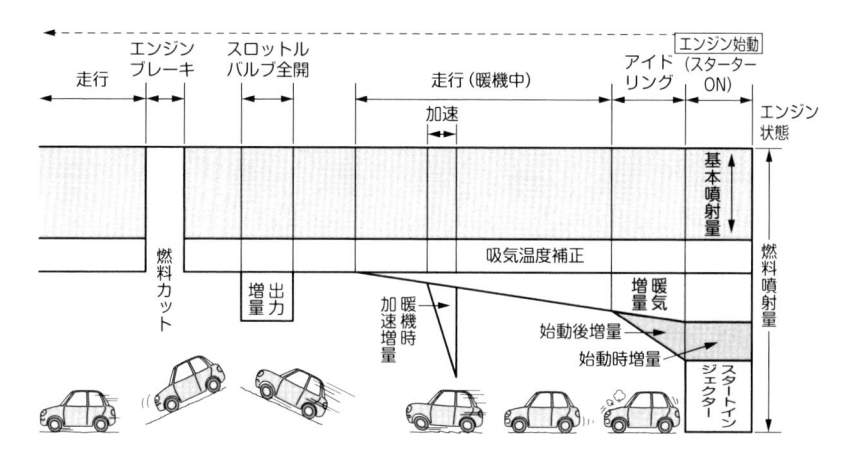

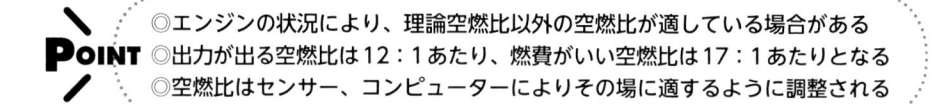

走行｜エンジンブレーキ｜スロットルバルブ全開｜走行（暖機中）｜加速｜アイドリング｜エンジン始動（スターターON）｜エンジン状態

燃料カット／出力増量／暖機時増量／加速増量／吸気温度補正／暖気増量／始動後増量／始動時増量／スタートインジェクター／基本噴射量／燃料噴射量

POINT
◎エンジンの状況により、理論空燃比以外の空燃比が適している場合がある
◎出力が出る空燃比は12：1あたり、燃費がいい空燃比は17：1あたりとなる
◎空燃比はセンサー、コンピューターによりその場に適するように調整される

COLUMN 5

"キャブレターからインジェクション"が
若者のクルマ離れの元凶?

　燃料系にインジェクションが登場し、エンジンのブラックボックス化とかアマチュアが触れるところがなくなったと言われて久しくなりました。

　キャブレターが装着されていたころのエンジンは完全にアナログです。キャブレターもいくつかの形式がありますが、いずれにしてもキャブレターの調整はある程度エンジンに詳しくなればできる作業ですし、お金もそんなにかかるものではありませんでした。

　自分のクルマのエンジンにピッタリの調整ができれば快適に走れますし、ライトチューン(最低限サーキットを走れるレベルのチューニング)をしたエンジンでしっかりとキャブセッティングを合わせることができれば、別のエンジンになったかのような体感の違いもあったと聞きます。ひとことでいえば機械いじりの楽しさを存分に味わえる作業であったといえるでしょう。

　現在のインジェクションはデジタルですから、そうした調整をやろうと思えば、機械いじりではなく電子的な知識が必要となります。ECU(エレクトロニック・コントロール・ユニット)内のデータの書き換え(ROM書き換え)はやってできないことはありませんが、セミプロ級の腕前を要求されるでしょう。

　エンジン性能を上げることを謳ったROMも販売されていますが、エンジンの状態は一様ではありませんから、基本は現車合わせ。それはやはりDIYでできるものではありませんし、コストもかなりかかります。

　レース仕様のエンジンなどは、本格的になると「フルコン」と呼ばれるパーツをノーマルのコンピューターに変えて装着し、それでチューニングしたエンジンにレースに相応しい特性を持たせるように燃料噴射量の増量、点火時期の補正を中心にすべての制御を行なわせます。これは完全にプロの世界です。

　特に趣味性の強い旧車のオーナーは、キャブレターに愛着がある方もいるようです。キャブレターは調整する楽しさはもちろん、機械モノですから壊れても直しやすいというメリットに捨てがたい面もあるようです。

第6章

エンジンの生命線・電気システムと点火システム

Electric system and ignition system

1. 燃焼のきっかけをつくる電装系

1-1 電気システムの役割

エンジンは混合気の燃焼によって動きますが、そのためのエンジン始動、スパークプラグの点火など、電装系が重要なように見えます。電気システムにはどのような装置があるのですか？

　電気システムは、止まっているエンジンを外部から動かす始動装置、エンジンを動かし続け、かつライトの点灯やエアコンなどの電気部品を作動させるための電気を発電する充電装置、シリンダー内で圧縮した混合気に火花を飛ばす点火装置を中心に、電気を溜めておくバッテリーや燃料装置などがあります。

▌電気の供給がなければエンジンの運転はできない

　ここでは、それぞれを概観していきます。

　まず**始動装置**は、停止しているエンジンを動かすために**スターターモーター**に通電し、エンジンを外部の力で回すための装置です。スターターモーターで**フライホイール**を回すことによって**ピストン**を動かし、強制的に混合気を吸気して点火させます（上図、次項参照）。

　充電装置には**オルタネーター**（**交流発電機**）が使用されます。これによってクルマに使う電気をつくり出します。オルタネーターはエンジンによってベルト駆動されるようになっています。クルマの電装品用に交流を直流にする**レクチュファイヤー**（**整流器**）が設けられ、またオルタネーターの発生電圧がエンジンの回転によって高くなりすぎないようにICレギュレーターが装備されます（中図、122頁参照）。

　点火装置は、エンジンのそれぞれのシリンダーの状態に適したタイミングで火花を飛ばして燃焼させる機構です。その基本となるのが**イグニッションコイル**、**ディストリビューター**、**スパークプラグ**です（下図、124頁参照）。

▌バッテリーとそれを充電するオルタネーターが電気系の要

　先に述べた始動装置の電力は、バッテリーを使用します。これは鉛蓄電池で、エンジン運転時には充電装置により充電されながら、点火装置へ供給する電源をつくったり、ライト類やエアコンなどの電装品のために電気を供給します。

　燃料装置としては、燃料タンク（フェーエルタンク）から燃料をくみ上げる電気モーター（フューエルポンプ）があります（102頁参照）。また、電子制御式インジェクションでは、ECUやセンサーのための電気が必要ですし、インジェクターによる燃料噴射にも電気が使われます。

　次項からそれぞれについて、詳しく見ていくことにします。

第6章 エンジンの生命線・電気システムと点火システム

🔅 始動装置

スタータースイッチ
（イグニッションスイッチ）

バッテリー

スターターモーター

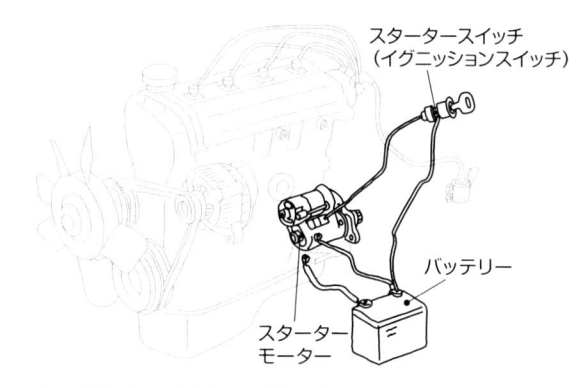

エンジンを始動するときは、スターターモーターの回転を利用する。イグニッションスイッチをオンにしてバッテリーからの電流でフライホイールを回転させ、強制的に吸気を行なう。

🔅 充電装置

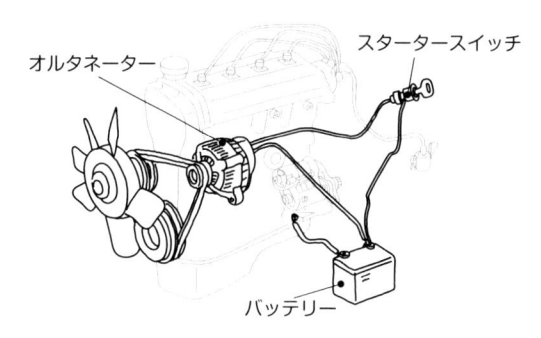

オルタネーター

スタータースイッチ

バッテリー

バッテリーは鉛蓄電池なので、充電せずに使っていると完全放電のため用をなさなくなる。そこでオルタネーターによって充電する。また、一度エンジンがかかれば、基本的にはオルタネーターの発電で電装系の電気をまかなうことができる。

🔅 点火装置

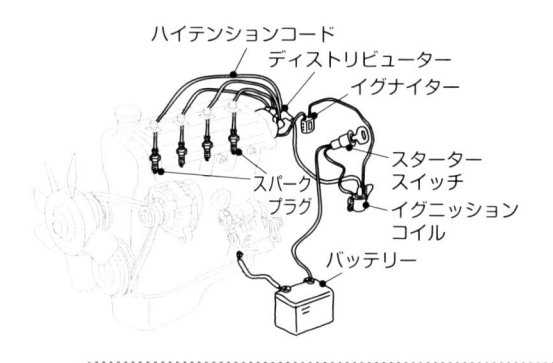

ハイテンションコード
ディストリビューター
イグナイター
スパークプラグ
スタータースイッチ
イグニッションコイル
バッテリー

点火系はポイント式（126頁参照）の場合、イグニッションコイルでバッテリーの電圧を12Vから1万V以上に高め、それをハイテンションコードを使ってスパークプラグに流している。エンジンの要となる部分。

POINT
◎始動装置は、バッテリーを電源としてスターターモーターを回す装置
◎充電装置はオルタネーターで発電し、交流を直流に変えて電気を供給する
◎点火装置は、イグニッションコイルで電気を増幅し、スパークプラグに配信する

1-2 始動装置の役割

エンジンをかける際には、バッテリーに蓄えられた電気を使ってモーターを動かしていると聞きました。エンジンを作動させるのにどうして電気モーターを使う必要があるのですか？

エンジンは吸入、圧縮、燃焼、排気という過程で動きます。ということは、止まっているエンジンを動かすには、最初の燃焼までの行程をつくり出さなければいけません。そのためには、**スターターモーター**を使い、**クランクシャフト**を回してピストンを動かす必要があります。

▌スターターモーターでピストンを動かし、強制的に吸気して点火する

スターターモーターの回転軸の先には**ピニオンギヤ**が装着されています。モーターに通電すると、通常は引っ込んでいるピニオンギヤが飛び出して、ピストンとつながった**フライホイール**（ATの場合はトルクコンバーターのリングギヤ）とかみ合い、それを回すことによってクランクシャフトが回転してピストンが上下運動をします（上図）。

これで強制的にエンジンが始動しますが、エンジンが始動するとスターターモーターのピニオンギヤがフライホイールとのかみ合いから外れ、回転も止まります。

かつては始動位置まで回したキーを戻す（手を放す）ことでかみ合いが解除されましたが、今はスターターボタンを押すだけで、始動から解除までしてくれるようになり、より簡易になりました。

▌コンピューター制御することでアイドリングストップ機構が可能になった

スターターモーターが普及する前のクルマは、クランクシャフトを回転させるためのクランク棒をエンジンにつながった穴に差し込み、人力でエンジンをかけていたこともあります。また、スターターモーターの普及の初期には、信頼性の問題からクランク棒でも始動ができるようになっていました。

この方法は、コツが必要で失敗すると怪我をする恐れもあったため、スターターモーターの開発により、クルマがより社会に普及していったともいえます。

時代が進み現在では、**アイドリングストップ**技術も発達しています。信号待ちなどでブレーキを踏んで停車している場合にはエンジンが自動的にストップし、ブレーキを放しアクセルを踏み込むとエンジン始動するのが基本ですが、これもコンピューター制御によってスターターモーターが駆動されることで実現している機構です（下図、158頁参照）。

第6章 エンジンの生命線・電気システムと点火システム

スターターモーターとリングギヤの関係

スターターモーターのピニオンギヤは通常はかみ合っておらず、スイッチを入れることによりフライホイールとかみ合う。それがクランクシャフトを回転させ、ピストンによる吸気が行なわれる。

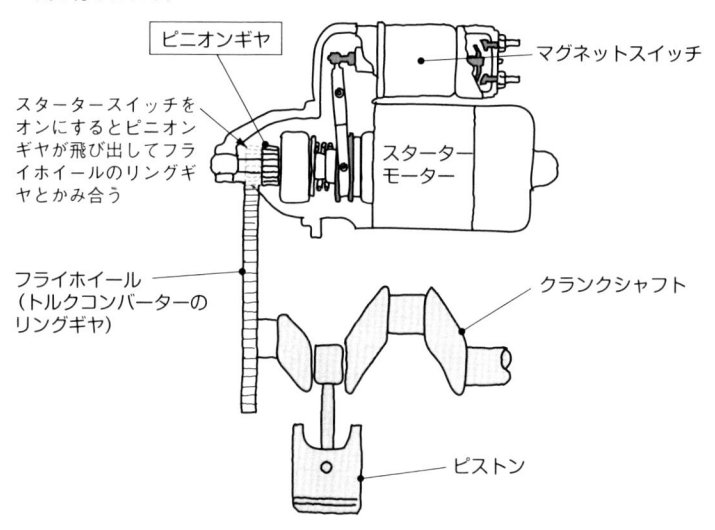

- ピニオンギヤ
- マグネットスイッチ
- スタータースイッチをオンにするとピニオンギヤが飛び出してフライホイールのリングギヤとかみ合う
- スターターモーター
- フライホイール（トルクコンバーターのリングギヤ）
- クランクシャフト
- ピストン

アイドリングストップの作動

アイドリングストップ
エンジンの暖気が済み、一定以上の速度に達してからブレーキペダルを踏んでクルマを停止させると、エンジンが自動的にストップする。また、減速途中にある速度まで下がったら、停止する前にエンジンをストップするタイプもある

再始動・走行
ブレーキペダルから足を離すと、瞬時（1秒以下）に再始動する。再始動するための条件は、ブレーキ以外にハンドルを操作するなど、いろいろなタイプがある

POINT
- ◎スターターモーターは、スイッチによりフライホイールを回転させる
- ◎フライホイール→クランクシャフト→ピストンと回転が伝えられる
- ◎ピストンが強制的に吸入行程を行なうことでエンジンが始動する

1-3 発電と充電のしくみ

クルマは始動時、点火時のほか、ライト、ワイパー、エアコンなどのために電力が必要になります。バッテリーからの供給だけでなく充電が必要だと思うのですが、そのしくみはどうなっているのですか？

　発電には**オルタネーター**（**交流発電機**）を用います。これはエンジンで発生したパワーの一部を使って駆動する装置です。

　エンジンの外部に出た**クランクシャフト**とつながる**プーリー**が回転することによって、それとVリブドベルトでつながれたオルタネーターのプーリーが回転させられて発電し、クルマの電装系の電力として使われます（119頁中図参照）。

■クルマが動くのに必要な電気はオルタネーターによってつくられる

　通常は、クルマに必要な電力はオルタネーターの発電によって賄われますが、それ以上の電力が必要な場合には、バッテリーの電力が使われます。バッテリーはオルタネーターとつながっているので、電装品で使われた分の電気は、オルタネーターからの発電で充電されます。

　ただし、オルタネーターからの発電は交流なので**レクチュファイヤー**（**整流器**）により直流に変換され、過充電を起こさないように**ICレギュレーター**でコントロールされています。交流で発電されるのは、そのほうが直流より効率が良いからです（上図）。

■充電、放電は陽極と陰極が希硫酸と化学反応を起こすことによって起きる

　バッテリーは化学反応で充電、放電するしくみになっています。構造は酸化鉛でできた陽極板、鉛でできた陰極板がセパレーターによって仕切られ、電解液の中に浸されています。充電された状態の電気液は希硫酸です。

　放電がはじまると、陽極の酸化鉛と陰極の鉛が希硫酸と化学反応を起こして、ともに硫酸鉛になります。つまり電解液である希硫酸は水分が多くなっていき、電気を発生することができなくなるのです。

　充電はその逆の化学反応を起こします。オルタネーターによって発電された電気は、直流に変換されてバッテリーに入ってくると、放電によってできた硫酸鉛がそれぞれ元の酸化鉛と鉛に戻り、その結果電解液の中には希硫酸が増えます（下図）。

　ちなみに、このとき電解液の中の水が電気分解されて陽極に酸素ガス、陰極に水素ガスができます。このときに火気が近くにあると、爆発のおそれがあるので危険です。

第6章 エンジンの生命線・電気システムと点火システム

オルタネーターの構造

オルタネーターは、エンジンの動力の一部を使って駆動される発電機。プーリーがエンジンのクランクシャフトプーリーによって回されて発電が行なわれる。ICレギュレーターやレクチュファイヤーによって電圧や電流が制御される。

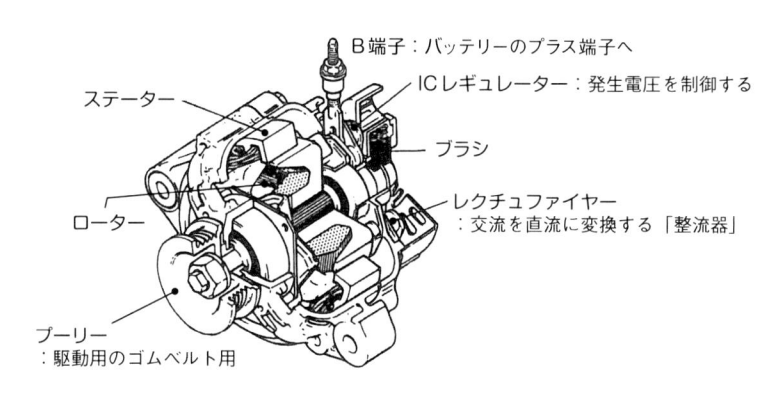

- B端子：バッテリーのプラス端子へ
- ステーター
- ICレギュレーター：発生電圧を制御する
- ブラシ
- ローター
- レクチュファイヤー：交流を直流に変換する「整流器」
- プーリー：駆動用のゴムベルト用

バッテリーの放電中、充電中の状態

バッテリーは化学変化によって放電、充電が行なわれる。放電はプラス極の酸化鉛とマイナス極の鉛が希硫酸と反応し、両極が硫酸鉛となる。充電中は、硫酸鉛だったプラス極が酸化鉛に、マイナス極が鉛に戻り、電解液が希硫酸となる。

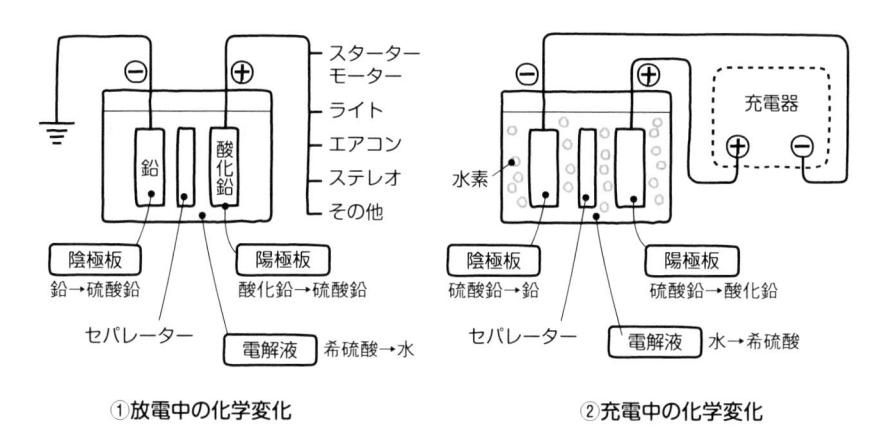

①放電中の化学変化
- スターターモーター
- ライト
- エアコン
- ステレオ
- その他
- 陰極板 鉛→硫酸鉛
- 陽極板 酸化鉛→硫酸鉛
- セパレーター
- 電解液 希硫酸→水

②充電中の化学変化
- 充電器
- 水素
- 陰極板 硫酸鉛→鉛
- 陽極板 硫酸鉛→酸化鉛
- セパレーター
- 電解液 水→希硫酸

POINT
◎走行に必要な電気は、オルタネーターによってつくられる
◎バッテリーは鉛蓄電池で、充電と放電が可能な構造となっている
◎酸化鉛と鉛が希硫酸と化学反応を起こすことによって充放電が行なわれる

2. 良い火花をタイミングよく点火するシステム

2-1 点火システムの流れ

エンジンが作動するためにはスパークプラグによる「点火」が欠かせないということはよくわかりますが、一瞬で確実に点火するのはとても難しそうです。点火のしくみはどのようになっているのですか？

　ここでは**スパークプラグ**による点火の必要性とその流れをざっと解説します。それぞれのシステムについては項を改めて解説します。

　エンジンが作動するためには**燃焼行程**が必要ですが、そこで大きな役割を果たすのがスパークプラグによる点火です。

　それ以前の行程でいくら効率よく吸気し、混合気をぎりぎりまで圧縮したとしても、点火する火花が弱かったり、点火のタイミングがずれてしまったりしては、エンジンのパワーを十分に引き出すことができません。

■火花をつくるためにはスパークプラグ以外のシステムが必要

　良い火花をつくるには、イグニッションコイルやディストリビューターといった電気系のシステムが要となっています（上図）。

　スパークプラグから火花を発生するための電源は**イグニッションコイル**でつくり出します。バッテリーの電源は12Vですが、これをイグニッションコイルで1万V以上に高めます。

　それを各気筒に装着されたスパークプラグに送るわけですが、その役割は**ディストリビューター**という「配電器」が担っています。カムシャフトやクランクシャフトと連動した内部のローターが回転することにより、順番に各スパークプラグに配電されます（上図、下図①配電機構）。

　現在のエンジンでは見られなくなりましたが、イグニッションコイルで高電圧を生み出すにはブレーカーポイントが設けられていました（**ポイント式**：下図②断続機構）。これは電流を遮断する逆起電力を発生する装置で、現在はシグナルジェネレーターとイグナイターに置き換えられています（**フルトラ式**：128頁参照）。

■ハイテンションコードを伝わって高圧電流がスパークプラグに供給される

　フルトラ式のディストリビューターからは、シグナルジェネレーターとイグナイターによって、12Vから1万V以上まで高められた電気がハイテンションコードを伝わってスパークプラグへと順番に届きます。

　スパークプラグ自体の性能もかつてに比べると飛躍的に高まっており（132頁参照）、通常の使用であれば事実上交換不要のものもあります。

第6章 エンジンの生命線・電気システムと点火システム

点火システム（イグニッションシステム）の簡略図

旧来のディストリビューターにブレーカーポイントを用いた点火システム。強力な火花を飛ばすためには、イグニッションコイル（1次コイル、2次コイル）、ディストリビューター、スパークプラグなどが必要になる。

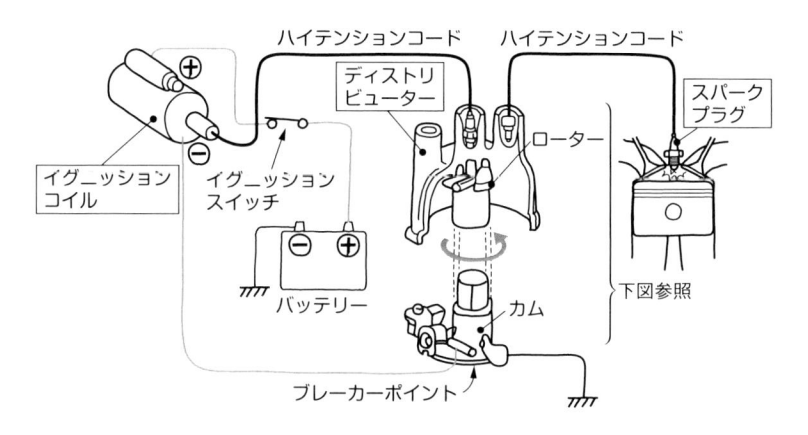

ディストリビューターの構造と役割

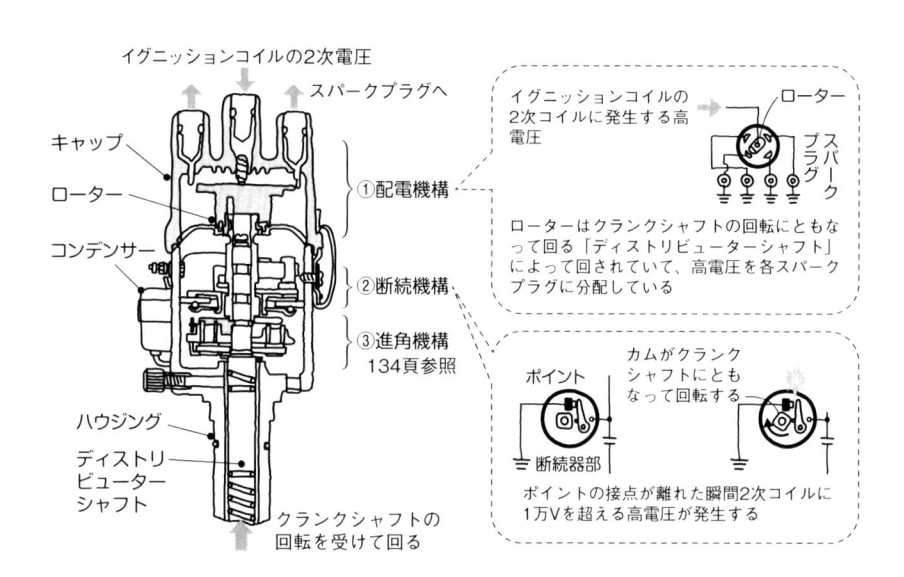

ローターはクランクシャフトの回転にともなって回る「ディストリビューターシャフト」によって回されていて、高電圧を各スパークプラグに分配している

ポイントの接点が離れた瞬間2次コイルに1万Vを超える高電圧が発生する

POINT
◎混合気に点火するシステムをイグニッションシステムという
◎ポイント式のディストリビューターはイグニッションコイルの電圧を上げる
◎スパークプラグの性能自体も、良い点火をするためには重要になる

2-2 点火に必要な電圧（自己誘導作用と相互誘導作用）

スパークプラグに火花を飛ばして着火するためには、バッテリーの12Vを1万～3万Vまで高める必要があるそうですが、そのような電圧をどのようにしてつくり出しているのですか？

スパークプラグで着火するために必要な電圧は、イグニッションコイルで**電磁誘導**を起こすことによって得ています。

■1次コイルの電流を遮断すると、2次コイルに高い電圧が生まれる

イグニッションコイルは2種類のコイルを使った「**変圧器**」といえます。それぞれ1次コイル、2次コイルと呼ばれ、鉄芯のまわりに髪の毛ほどの細い銅線を2万から3万回巻きつけた2次コイルと、その上に重ねて0.5から1mmほどの銅線を巻きつけた1次コイルという構成になっています（上図①）。

1次コイルにバッテリーの電流を流すと**磁界**が発生します（中図）。この状態で電流を遮断すると1次コイルに数百Vの電圧が生まれます。これは**自己誘導作用**によるものです。

次に内側の2次コイルにも、1次コイルとの間の**相互誘導作用**によって数千から数万Vの高い電圧が誘起されます。この1次コイルの自己誘導作用と2次コイルでの相互誘導作用で誘起された電圧が、**ハイテンションコード**によって各シリンダーのスパークプラグに送られて、燃焼に必要な火花をつくり出しているのです。

なお、イグニッションコイルは、1次コイルの内部に2次コイルを設置した開磁路型（上図①）のものが用いられてきましたが、さらに周りを鉄芯で囲って磁力線を閉鎖する閉磁路型のものへと形態が変わってきました（上図②）。

■電流を遮断する方法にコンタクトポイントを使うのがポイント式

高い電圧を得るためには一瞬電流を遮断する必要がありますが、古典的な方法ではコンタクトポイントによってこの作業が行なわれます。これを**ポイント式**と呼びます（前項参照）。

コンタクトポイントは、ディストリビューターの中にあります。中心にシリンダーと同数のカムをもったローターがあり、これが回転してコンタクトブレーカーのアームを押します。するとアームの先にあるコンタクトポイントが開いて1次コイルの電流を切ります（下図）。

これによって、1次コイルに数百Vの電流が流れ、さらに2次コイルとの相互誘導作用が生じて着火に必要な電圧が得られるわけです。

第6章 エンジンの生命線・電気システムと点火システム

イグニッションコイルの種類

①開磁路型

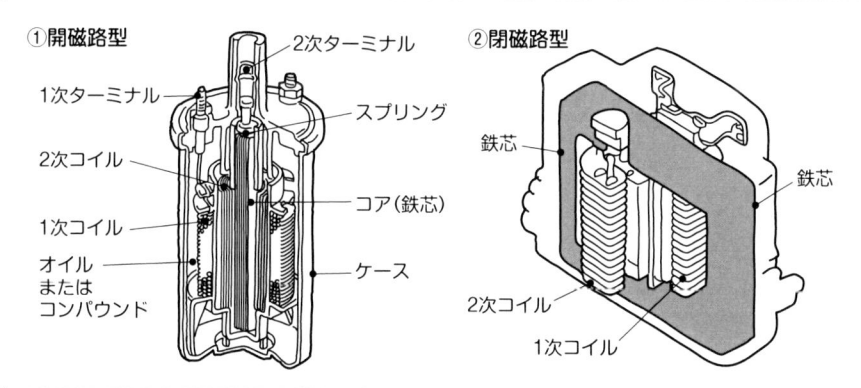

- 1次ターミナル
- 2次ターミナル
- 2次コイル
- スプリング
- 1次コイル
- コア（鉄芯）
- オイルまたはコンパウンド
- ケース

②閉磁路型

- 鉄芯
- 鉄芯
- 2次コイル
- 1次コイル

自己誘導作用と相互誘導作用

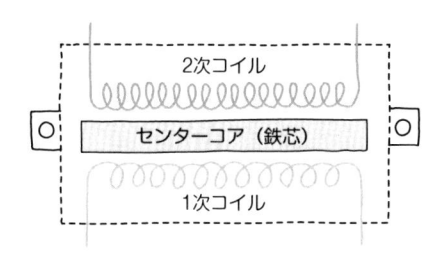

- 2次コイル
- センターコア（鉄芯）
- 1次コイル

コイルに電流が流れると磁界が発生する。これを遮断すると磁界を維持しようとする力が起こり、コイルに高い電圧が発生する（自己誘導作用）。イグニッションコイルには1次コイルと2次コイルがあり、1次コイルに電流が流れると2次コイルも含めて磁界が発生する。ここで流れを遮断すると自己誘導作用によって1次コイルに数百Vの電圧が発生し、2次コイルにも高電圧が誘起される（相互誘導作用）。

コンタクトポイントの作動

①ポイントが閉じている状態

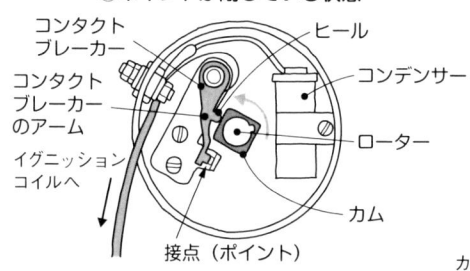

- コンタクトブレーカー
- コンタクトブレーカーのアーム
- イグニッションコイルへ
- ヒール
- コンデンサー
- ローター
- カム
- 接点（ポイント）

コンタクトブレーカーにはつねに電流が流れているので、イグニッションコイルに電流が流れてエネルギーが溜まっている（コンデンサーに一時的に溜めておく）

②ポイントが開いている状態

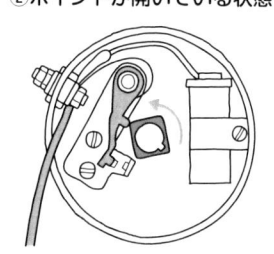

カムの頭の部分（とがった部分）がコンタクトブレーカーを押し上げてポイントを開くと、瞬間的にイグニッションコイルの電流が遮断され、高圧の2次電流が発生する。これが点火のタイミングになる

> **POINT**
> ◎イグニッションコイルによってバッテリーの電圧を数万V以上に上げる（増圧）
> ◎イグニッションコイルでは、自己誘導作用と相互誘導作用が行なわれている
> ◎ポイント式では、電磁誘導のためコンタクトポイントで電流の断続を行なう

2-3 点火のしくみ（ポイント式とフルトラ式）

電磁誘導によって高い電圧を得るためには電流を遮断することが必要なのはわかりましたが、この"断続のしくみ"にはどのような種類があり、どんな特徴を持っているのですか？

　前項で取り上げた**ポイント式**では、**コンタクトポイント**に火花が出ます。回路にコンデンサーを入れてそれを防ぎますが、長く使用しているとポイントの接触面が焼けたり、高速回転のときうまく作動しない場合がありました。そこで機械式のポイントの代わりに、トランジスタを使って電流を遮断する方法が考えられました。

◼︎フルトラ式ではイグナイターで電圧を上げる

　これを**フルトランジスタ式**（**フルトラ式**）といいますが（上図）、1次電流の断続をポイントではなく電気式に行ないます。

　具体的にはポイント式のカムとポイントの代わりに、**シグナルローター**と**ピックアップコイル**があり、ここで発生したベース電流を使います。ディストリビューター内のローターとピックアップコイルによって構成されるシステムを**シグナルジェネレーター**と呼びます（下図）。

　フルトラ式では、シグナルジェネレーターで点火のタイミングを感知し、電気信号を**イグナイター**（トランジスタ）に送ります。イグナイターでは、わずかな電流を大幅にアップできるトランジスタの特性を利用して、シグナルジェネレーターからのベース電流を大きな電流に**増幅**し、イグニッションコイルから点火に必要な高電圧を生み出すのです。

　この方式を採用することで、コンタクトブレーカーのポイントに起因するトラブルが解消されました。

◼︎セミトラ式はポイント式とフルトラ式の中間

　またフルトラ式のほかに**セミトランジスタ式**（**セミトラ式**）という方式もあります。これは点火信号を送るのをシグナルジェネレーターではなく、もともとあったポイントを残しスイッチとして代用させる方式です。

　セミトラ式はポイント式とフルトラ式の中間のような形態になり、コンタクトポイントはありますが、イグナイターを使用するために12Vではなく0.5V程度の微弱な電圧で済み、ポイントへの負担が減るなどのメリットがあります。

　現在では、ディストリビューターをなくした**ダイレクトイグニッション**が普及してきましたが、これについては次項で解説します。

第6章 エンジンの生命線・電気システムと点火システム

フルトランジスタ式（フルトラ式）

ポイント式の欠点を改善したのがフルトラ式。イグナイターがシグナルジェネレーターからの信号を受けて1次コイルの電流を断続し、2次コイルに高電圧を発生させて点火に必要な電圧をつくる。ポイント式よりも強く安定した火花が飛ばせるとともに、コンタクトポイントがないためにメンテナンスの必要がなくなった。

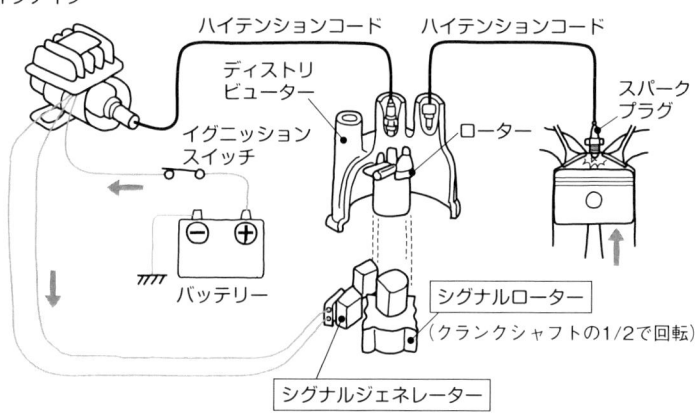

- イグニッションコイル＆イグナイター
- ハイテンションコード
- ディストリビューター
- イグニッションスイッチ
- スパークプラグ
- ローター
- バッテリー
- シグナルローター（クランクシャフトの1/2で回転）
- シグナルジェネレーター

高電圧をつくり出すしくみ

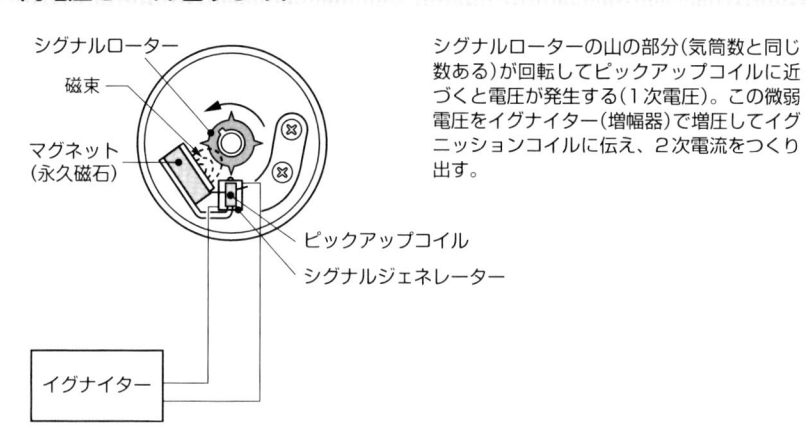

- シグナルローター
- 磁束
- マグネット（永久磁石）
- ピックアップコイル
- シグナルジェネレーター
- イグナイター

シグナルローターの山の部分（気筒数と同じ数ある）が回転してピックアップコイルに近づくと電気が発生する（1次電圧）。この微弱電圧をイグナイター（増幅器）で増圧してイグニッションコイルに伝え、2次電流をつくり出す。

POINT
◎ポイント式ではコンタクトポイントの消耗のためメンテナンスが必要だった
◎トランジスタを用いたイグナイターで増幅するため、ポイントが不要になった
◎フルトラ式では、シグナルジェネレーターで着火のためのベース電流をつくる

2-4 ダイレクトイグニッション

現在のクルマのエンジンルームをのぞくと、ディストリビューターやハイテンションコードがないものもあります。そうしたエンジンは、どうやってスパークプラグで火花を飛ばしているのですか？

前項で見たように、フルトラ式の点火システムでは、シグナルローターとピックアップコイルで点火信号を発生し、イグナイターで点火に必要な電圧を起こしていました。

ただ、スパークプラグまでの配電は、ディストリビューターとハイテンションコードを介して行なっているので、その意味ではポイント式と同じです。

■ダイレクトイグニッションは高圧の電気によるデメリットが少なくなる

ディストリビューターを使用せず、イグニッションコイルをスパークプラグのすぐ近くに置いて高電圧を発生させ、点火するのが**ダイレクトイグニッション**です（上図）。

この場合、ハイテンションコードがなくなるか、あってもごく短いものになります。ダイレクトイグニッションは、高圧の電気によって起こることがある電波障害が少なくなったり、長いハイテンションコードによる電気抵抗がなくなるというメリットがあります。

構造はプラグキャップにイグニッションコイルと**イグナイター**を内蔵したユニットを使用します。従来は1つで良かった部品が、形式によってはシリンダーの数だけ必要になり、コストが高くなる面があります（中左図）。

■主流は各シリンダーにイグニッションコイルがある「独立点火方式」

シリンダーごとにイグニッションコイルを設け、エンジンをコントロールするコンピューターの指示で点火順序に従って点火していく方法を**独立点火方式**と呼び、現在の主流になっています（上図、中右図）。

コストを抑えるという面では、2気筒分の点火を1個のイグニッションコイルで行ない、圧縮行程と排気行程の気筒（シリンダー）が対になるように点火する**同時点火方式**もありますが、これは排気行程でも火花が飛ぶというムダがあり主流ではありません。

高回転となった際などの点火時期の調整も、カムポジションセンサーやクランクポジションセンサーからの信号がECU（エレクトロニック・コントロール・ユニット）へ送られることで、より的確なタイミングが取れるようになりました（下図）。

第6章 エンジンの生命線・電気システムと点火システム

ダイレクトイグニッション(独立点火方式)

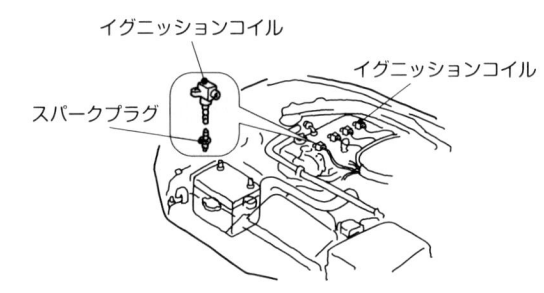

イグニッションコイル
イグニッションコイル
スパークプラグ

各シリンダーに配されたスパークプラグ・キャップごとに、イグニッションコイルとイグナイターが独立して取り付けられている。

イグニッションコイル内蔵プラグキャップ

ダイレクトイグニッションではプラグキャップにイグニッションコイル、イグナイターが内蔵されている。

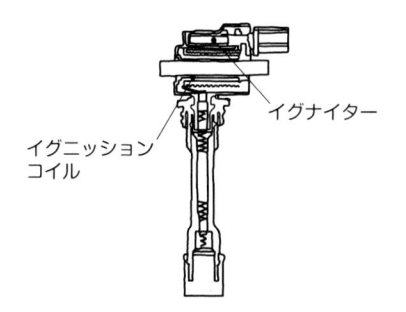

イグナイター
イグニッションコイル

電子制御点火システムの例

点火するための信号は、カムポジションセンサーやクランクポジションセンサーから拾い、ECUが指示を出す。

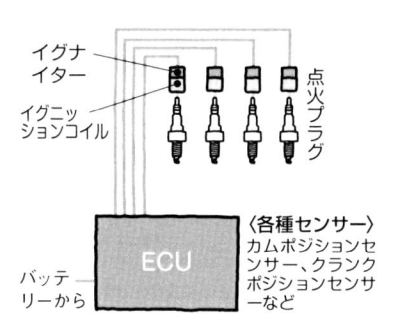

イグナイター
イグニッションコイル
点火プラグ
バッテリーから
ECU
〈各種センサー〉
カムポジションセンサー、クランクポジションセンサーなど

ダイレクトイグニッションのカムポジションセンサー

エアギャップ
カムシャフト
タイミングローター突起部
カムポジションセンサー

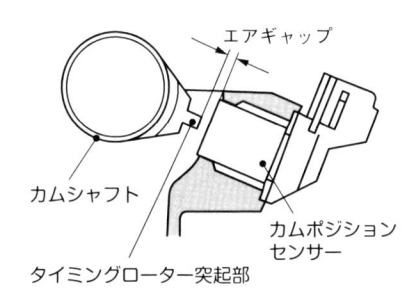

エンジンのカムシャフトからの信号をカムポジションセンサーが拾い、その信号がECUへと送られる。ディストリビューターのローターもカムシャフトに接続されていたので、それをなくして信号をダイレクトに受け取っているともいえる。

POINT
- ◎ディストリビューターがないダイレクトイグニッションが主流となってきた
- ◎ダイレクトイグニッションは、電波障害やプラグコードの抵抗が少なくなる
- ◎点火タイミングは各センサーからの情報をもとにECUが判断する

131

2-5 スパークプラグの構造

イグニッションコイルで電圧を高められた電流が、スパークプラグによって放電されることはわかりました。最終的な点火の役割を果たすスパークプラグはどんな構造をしているのですか？

くり返しになりますが、**スパークプラグはイグニッションコイルで高電圧に増圧された電流を、最終的にシリンダー内で放電し、圧縮された混合気に点火をする役目**を担っています。

点火部は、強い火花を飛ばすと同時に、燃焼時には2000℃以上の**燃焼ガス**にさらされるので、非常に過酷な条件下に置かれているといえます。

■スパークプラグは中心電極と側方電極の間で火花を飛ばす

スパークプラグの端子は、プラグキャップでイグニッションコイルとつなげられています。入ってきた電流は、**中心電極**と**側方電極**の間に火花を飛ばします。この間を**ギャップ（火花ギャップ）**といいますが、プラグを使用しているうちに高温で酸化してしまうために消耗します（上図）。

そのため、かつてはギャップ調整などが必要でしたが、現在の一般的なものでは中心電極にニッケル合金、白金、イリジウムなどを用いることにより、事実上のノーメンテナンスにしたものもあります（上図枠内）。

■複数のメーカーのものが使用可能だが、規格や熱価に注意が必要

他のエンジン関係の部品と大きく違うのは、そのエンジンの専用品ではなく、いくつかのメーカーから発売されており、規格やサイズが合えば使えるということです。新車時に装着されているものと別のものを選択して交換することで、走行性能の違いを体感できる場合もあります。

特徴的なのは、**熱価**（プラグの放熱度合いを数値で示したもの）による特性の違いがあることです。プラグの温度が上がりにくいものを「**冷え型（コールドタイプ）**」と呼び、プラグの温度が下がりにくいものを「**焼け型（ホットタイプ）**」と呼びます（下図）。

自動車レースのように高回転で連続運転する使い方が多い場合には、温度が上がりやすくなるので「冷え型」を使い、エンジン回転を上げないような使い方をする場合には、なかなか温度が上がらないので「焼け型」を選ぶなどの選択方法があります。スパークプラグも使用用途に合わないものを使うと、エンジンの不調を招きかねないので注意が必要です。

第6章 エンジンの生命線・電気システムと点火システム

スパークプラグの構造

スパークプラグはイグニッションコイルからの電流を受ける端子、それを絶縁する碍子、ネジ山が刻まれたリーチ、中心電極、側方電極などからなる。

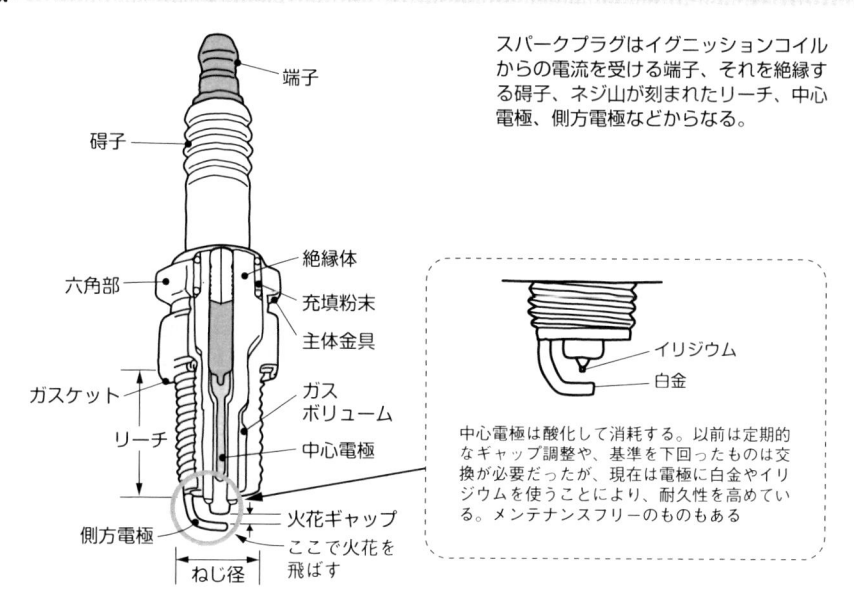

（図中ラベル：端子、碍子、六角部、絶縁体、充填粉末、主体金具、ガスケット、ガスボリューム、リーチ、中心電極、側方電極、火花ギャップ、ここで火花を飛ばす、ねじ径、イリジウム、白金）

中心電極は酸化して消耗する。以前は定期的なギャップ調整や、基準を下回ったものは交換が必要だったが、現在は電極に白金やイリジウムを使うことにより、耐久性を高めている。メンテナンスフリーのものもある

冷え型と焼け型（コールドタイプとホットタイプ）

プラグはウォータージャケット（36、146頁参照）の水で冷やされるので、トップの形状の放熱面積を大きくしたものが冷え型、冷えにくくしたものが焼け型となる。高回転、高出力エンジンは冷え型を使う傾向となる。

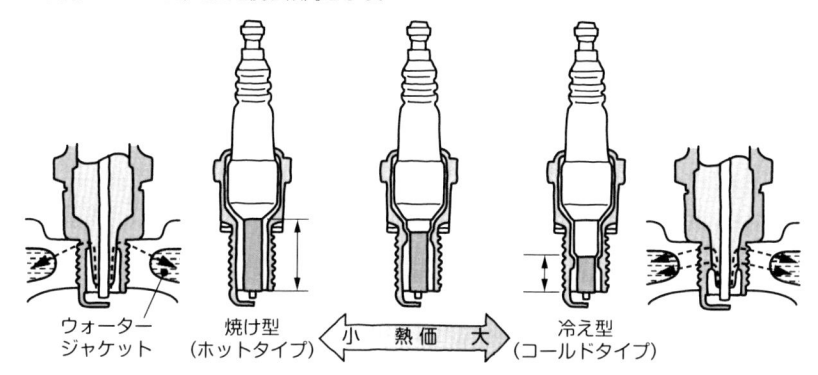

（図中ラベル：ウォータージャケット、焼け型（ホットタイプ）、小 熱価 大、冷え型（コールドタイプ））

POINT
- ◎スパークプラグは、イグニッションコイルからの電流で混合気に点火する
- ◎電極に白金やイリジウムを用いることで耐久性を上げている
- ◎高出力エンジンは「冷え型」、実用エンジンは「焼け型」などの使い分けがある

2-6 点火時期と進角

効率の良い燃焼のためには、スパークプラグの点火タイミングが重要になると思いますが、エンジン回転はつねに一定ではありません。どのようにして点火タイミングを合わせているのですか？

スパークプラグの点火のタイミングは、エンジンが低回転のときと高回転のときでは変わってきます。点火して混合気が燃え広がるのにも時間が必要なので、高回転の場合は**点火時期**を早くしていかないと、圧縮に対して燃焼が追いつかなくなり、エンジンの性能を活かすことができなくなってしまうのです（上図）。

▌エンジン回転が変わると1つの点火タイミングではすまなくなる

エンジンには元になる点火時期が設定してあります。これを**ベースタイミング**といいますが、この設定は暖気時に適したもので、エンジン回転数に合わせて点火時期を**進角**させる（早める）ことが必要となるのです。

124、126頁で解説した**ポイント式**の点火システムの場合は、**ディストリビューター**に備えたシステムで行なっていました。

ディストリビューター内のローターはカムシャフトやクランクシャフトに接続されて回転します。エンジンが高回転になれば、ディストリビューターのローターも高回転になります。これを利用して**遠心ガバナー**で進角させるものです（下図）。遠心ガバナーでコンタクトポイントの開閉をするカム山の位置を動かしてやることによって、高速回転時の進角の役割を持たせていました。

原始的な方法といえますが、これはこれで役割を果たしていました。

▌現在はセンサーを使用し、回転数、負荷に応じたタイミングとしている

しかし、それでは制御も大まかであり、コンピューター制御がエンジンに取り入れられるにしたがって、電子制御式の点火時期調整が主流となってきました。

これはエンジンの状態に応じた点火時期がコンピューターにデータとして記憶されており、適宜、そのデータに合わせた点火時期調整がされるものです。遠心ガバナーによるものも電子制御によるものも、システム自体はディストリビューターに装着されているという共通点があります。

ダイレクトイグニッションでは、ディストリビューターがないため、点火時期はクランクポジションセンサーやカムポジションセンサーで感知し、そこからの信号をECU（エレクトロニック・コントロール・ユニット）に送り、その指示により進角をコントロールしています（131頁中右図参照）。

第6章 エンジンの生命線・電気システムと点火システム

燃焼圧力の時期と点火時期

圧縮した混合気に点火(図中①)→燃焼(図中②)し、最大燃焼圧力が発生する(図中③)までにはある程度の時間が必要となる。一般的にエンジンが最大トルクを発揮する点火のタイミングは、上死点(TDC)後約10°に最大燃焼圧力が設定されたときで、ここに達するまでの燃焼時間はエンジンの運転状況によって異なる。このため、燃焼速度が遅いとき(スロットル開度が小さく圧縮比が低いときなど)には点火時期を早める必要はないが、エンジン回転数が高くなると同じ燃焼時間でもその間のエンジンの回転角は大きくなるので、点火時期を早めて燃焼開始を早める必要がある。

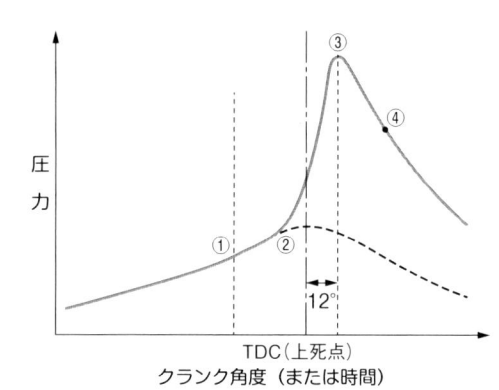

①：点火（付近の温度上昇）
②：燃焼が始まる
③：最大燃焼圧力発生
④：燃焼終了
①〜②：ピストンの圧縮行程による圧力上昇
②〜③：ガス燃焼による圧力急上昇

遠心ガバナー進角式

遠心ガバナーでは、ガバナーウェイトが遠心力によって外に広がると、カムベースがガバナーウェイトに装着されたピンによって動く。それによってカム部が進角方向に動く。現在は電子進角式となり、負荷、回転数、燃料噴射などのエンジンの状態を、あらかじめコンピューターに記憶させ、カムポジションセンサー、クランクポジションセンサーなどからの信号で点火時期を調整する。

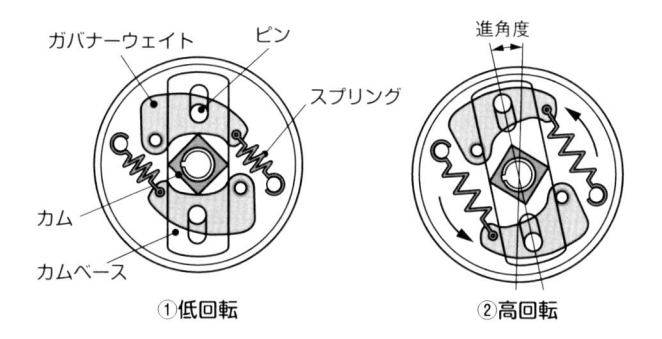

①低回転　　②高回転

POINT
◎エンジンが高回転になるにつれて点火時期も早くすることが必要
◎ポイント式では、遠心力でガバナーウェイトが開くことを利用する
◎電子式では、回転以外に負荷、燃料噴射などをふまえてより細かく調整できる

COLUMN 6

プラグ端子がなくなった！ 意外と高くつく
スパークプラグのトラブル

　プラグ交換は、ちょっとエンジンに詳しくなれば手を出しやすいメンテナンス作業です。電極の汚れやギャップに関する注意点は少なくなりましたが、スパークプラグについては、新技術？　で強い火花を飛ばすと謳ったものがあります。

　基本はノーマルで装着されているもので問題ありませんが、そういわれるといろいろなプラグを試してみたくなるものです。私はこれに関する失敗談があります。かつて自分のクルマのプラグを交換したときに、**側方電極がシリンダー内に落ちてしまった**のです。

　交換してしばらくは問題なく運転していましたが、加速しようとアクセルを踏み込むとギクシャクして、エンジン回転がスムーズに上がりません。そこで何かおかしいなと気がつきました。

　プラグを外してみると側方電極がなくなっており、ピストンシリンダーの中に落ちてしまったようでした。行きつけの整備工場でシリンダー内の電極を探してもらいましたが、結局見つかりませんでした。

　そのエンジンはターボだったので、電極は排気側タービンから排気ガスと一緒に外部に出て行ってしまったのではないかということになって、タービンを外してチェックしてみるとブレードが欠けていました。結局、タービン交換までしたことを考えると、けっこう高いものについてしまいました。

　もちろん熱価も元からついていたものと同じもので、作業的にも間違ったことはしていません。原因はスパークプラグの不良ではないか？　ということでした。

　スパークプラグは量販店で購入した米国製のものでしたが、これはまれなケースだとはいえ、何となくこれからは日本製のものにしようと思ったものです。

　自分でやるということは、こういうリスクがつきまとうのだと改めて認識させられた出来事でした。

第7章

エンジンパワーの損失を防ぐための潤滑系・冷却系

Lubrication system and cooling system

1. エンジンを守る潤滑システム

1-1 エンジンオイルの必要性

エンジンオイルを軽視していると、エンジンに良くないばかりか、ときには大きなダメージを与えられることがあるといいます。エンジンオイルはどうして必要なのですか?

エンジンは基本的には金属でできていて、それが可動する装置ですから、金属同士が**摩擦**する部分がとても多い構造となっています。

例えばピストン（リング）とシリンダー壁、クランクシャフトのジャーナル（軸受け）部やコンロッドとつながるビッグエンド、ピストンとコンロッドがつながるピストンピン、カムシャフトや吸排気バルブなどがそれにあたります（図）。

▮金属同士の接触面に油膜をつくり保護するのがエンジンオイル

これらの部分では、つねに摩擦が生じています。金属同士が高速でこすれ合うことになるため、直接的に接触していればすぐに摩耗してしまいます。そこで**エンジンオイル**が油膜をつくり、「**潤滑**」の役割を果たすことによって摩耗を低減しているのです。

エンジンオイルには「**シーリング（気密）**」の役割もあります。シリンダーと**ピストンリング**の間をオイルが塞ぐことによって、燃焼ガスがクランク室に漏れないようにしています。高温の**燃焼ガス**がクランク室に漏れると膨張力のロスとなってしまうため、オイルの粘性を利用してこれを防止します。

「**冷却**」の役割も見逃せません。冷却のメインとなるのは水冷式エンジンの場合には冷却水ですが、オイルもある程度エンジン内部の冷却の役割を担います。特にシリンダーヘッドとピストンクラウン（48頁参照）は、高温となった燃焼ガスにさらされるため、オイルによる冷却が行なわれます。

さらにオイルには、エンジン内部の「**洗浄**」や「**防錆**（サビを防ぐ）」という役割もあります。

▮エンジンオイルの油膜は衝撃をやわらげる役割も果たす

エンジンオイルには「衝撃の緩和（**緩衝**）」という役割も課せられています。エンジンの燃焼圧力は何トンにもなりますが、それが**ピストン→コンロッド→クランクシャフト**と伝わるため大きな衝撃となります。そのままだとエンジンは壊れてしまいかねません。

これらの接触部分の間にオイルがあることで、燃焼圧力がやわらげられて伝えられ、エンジンがスムーズに動き、耐久性が保たれることになります。

第7章 エンジンパワーの損失を防ぐための潤滑系・冷却系

エンジンオイルの役割

オイルの最大の役割は、エンジン内部の潤滑作用といえる。油膜が金属同士の摩擦を回避し、スムーズな動きを実現する。油膜ができるということは、その間が埋まるということでもあり、圧縮、燃焼行程での燃焼ガスの気密性を保つ役割も果たしている。さらに、オイルには洗浄や防錆効果を発揮する成分も含まれるので、エンジンを長持ちさせる意味でも重要になる。その他、冷却、緩衝などオイルに頼る部分は大きい。

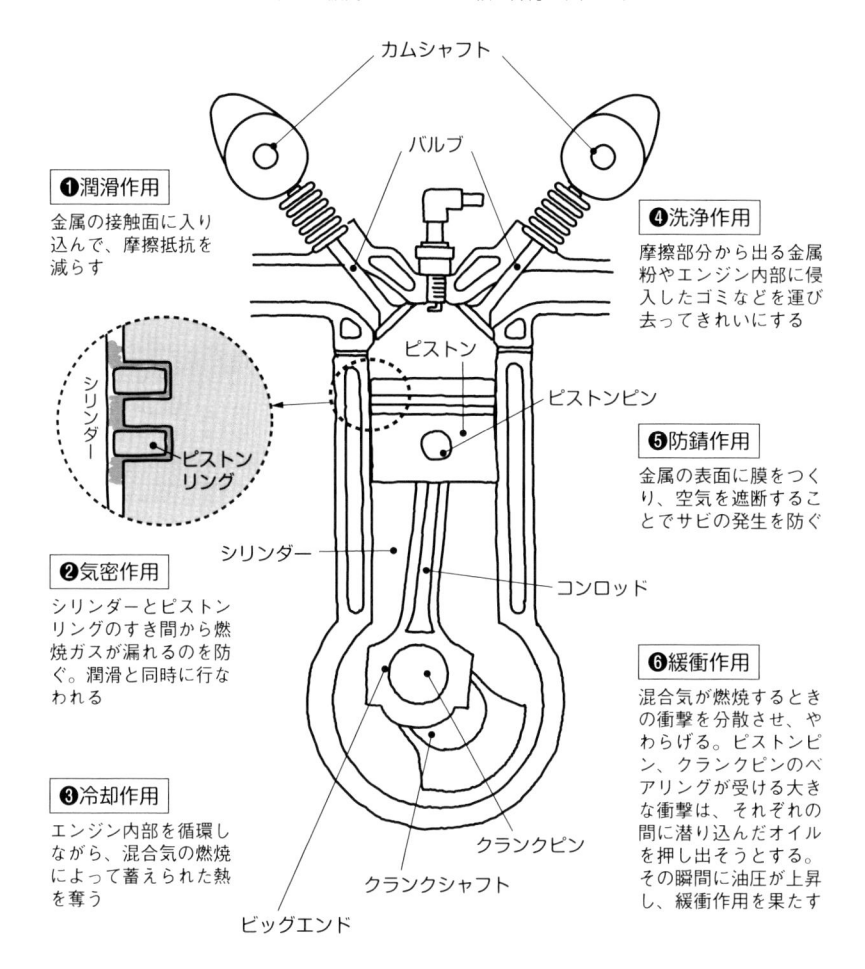

❶潤滑作用
金属の接触面に入り込んで、摩擦抵抗を減らす

❷気密作用
シリンダーとピストンリングのすき間から燃焼ガスが漏れるのを防ぐ。潤滑と同時に行なわれる

❸冷却作用
エンジン内部を循環しながら、混合気の燃焼によって蓄えられた熱を奪う

❹洗浄作用
摩擦部分から出る金属粉やエンジン内部に侵入したゴミなどを運び去ってきれいにする

❺防錆作用
金属の表面に膜をつくり、空気を遮断することでサビの発生を防ぐ

❻緩衝作用
混合気が燃焼するときの衝撃を分散させ、やわらげる。ピストンピン、クランクピンのベアリングが受ける大きな衝撃は、それぞれの間に潜り込んだオイルを押し出そうとする。その瞬間に油圧が上昇し、緩衝作用を果たす

（図中ラベル：カムシャフト、バルブ、シリンダー、ピストンリング、ピストン、ピストンピン、シリンダー、コンロッド、クランクピン、クランクシャフト、ビッグエンド）

POINT
◎エンジンオイルによる潤滑は、金属と金属が摩擦を起こす部分に欠かせない
◎シリンダーとピストンリングの間では、潤滑とシール(気密)作用を持つ
◎大きな力のかかる部分では、オイルがあることにより緩衝作用も果たす

1-2 エンジンオイルの供給

前項で取り上げたエンジンオイルの6つの役割を果たすためには、エンジン内部の各パーツに供給・循環させることが必要だと思いますが、どのようにして行き渡らせているのですか？

　エンジンオイルは**オイルパン**というパーツに蓄えられます（上図）。オイルパンは通常、エンジン最下部に装着されており、エンジン停止時には、エンジン各部のオイルがここに落ちてくるようになっています。

　エンジンを始動したときには、オイルを吸い上げることが必要です。その最初の通り道が**オイルストレーナー**です。エンジン内部の摩擦によって発生した金属カスやその他の汚れなど、通路への大きなゴミの進入を防ぐ役割を担っています。

◤エンジンオイルはオイルポンプによってエンジン内部を循環する

　オイルをエンジン各部に供給する装置としては、**オイルポンプ**を使います。これはエンジンの動力の一部を使って駆動されます。エンジンの内部には**オイルギャラリー**が通り、これが必要な部分にオイルを供給する「通り路」となります。基本的にはこれらのパーツで循環しますが、もう少し細かく見ていきましょう。

　高回転型のエンジンではピストンの温度が上がりすぎることがあるため、特に**オイルジェット**を使って直接オイルを吹きかけます（上図枠内）。

　エンジンオイルの循環経路には**オイルクーラー**が設けられることもあります。オイルが高温になると、粘度が低下して油膜が切れることがあるために、走行風を利用して温度を下げる役割を果たします。

◤オイルフィルターはオイルと同じ「定期交換パーツ」

　エンジン内部は精密なので、エンジンオイル内の小さなゴミも濾過する必要があります。そのために**オイルフィルター**（エレメント）が装着されます。ある程度の距離を走ったり、期間が経過したオイルは交換しますが、オイルフィルターも定期交換部品となります。

　以上のように、オイルパンに溜まったエンジンオイルをオイルポンプで循環させる方式を**ウェットサンプ**と呼びます（下図①）。もう1つ、ポルシェなど一部のスポーツカーでは**ドライサンプ**（下図②）という方式を採る場合があります。これは基本的にはオイルパンがなく、別にオイルタンクを持っています。クランクケース内を負圧に保てるので**フリクションロス**（**摩擦による損失**）を避けることができ、オイルパンがないためエンジン位置を下げられるなどのメリットがあります。

第7章 エンジンパワーの損失を防ぐための潤滑系・冷却系

⚙ エンジンオイルの循環系路

エンジンオイルはオイルパンに溜められ、オイルポンプを動力として通路であるオイルギャラリーを循環する。オイルジェットは高出力、高回転をねらったエンジンに設けられ、ピストンの裏側に直接オイルを吹きつけて冷却する。

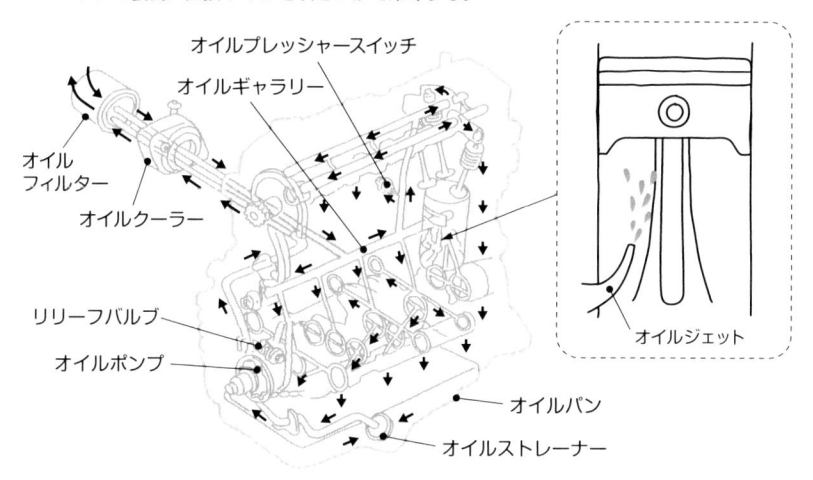

⚙ ウェットサンプとドライサンプ

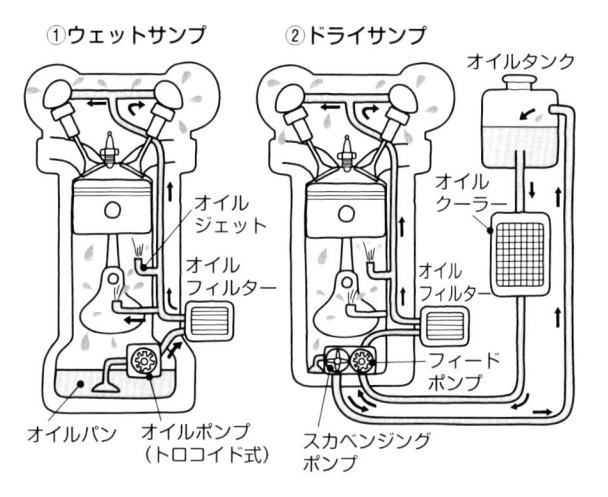

ウェットサンプはオイルパンが下にあり、そこからオイルポンプでオイルギャラリーにエンジンオイルが送られる。ドライサンプは、オイルパンではなくオイルタンクを用いる。複雑にはなるが、エンジンの搭載位置が低くなるため重心が下げられるなどのメリットがある。

POINT
◎エンジンオイルは、ウェットサンプではエンジン下部のオイルパンに蓄えられる
◎オイルポンプの働きにより、オイルパンのオイルがオイルギャラリーを循環する
◎スポーツ性能をねらったエンジンでは、ドライサンプ方式を採ることもある

141

1-3 エンジンオイルの分類

エンジンオイルにはいくつかの規格とたくさんの種類がありますが、高性能が要求されるエンジンオイルの選択の際には、どのような点に気をつければいいのですか?

　カーショップに行って、オイル缶の表示にSF、SG、SH、SJ、SL、SM、SNなどの文字を見たことがあると思いますが、これはAPI（アメリカ石油協会）の定めたグレード（サービス分類）です。

　潤滑やシール（気密）ということから考えるとSGで最高レベルとなり、SHからSNは環境性能を強化したものとなっています（上図①、下図①）。

■より厳密な評価基準とされるのがILSAC

　もう1つ、日米の自動車工業会で組織するILSAC（国際潤滑油標準化認証委員会）が認証する規格があります。こちらのほうがAPIよりも評価基準が厳しくなっており、ILSAC GF-4やGF-5が高性能を示しています（下図②）。

　選択の基準の1つとなるのがSAE（アメリカ自動車技術者協会）で定めた粘度指数です。これはSAE5W-30、10W-40といった形で表示され、こうした表記をされるものをマルチグレードオイルといいます。シングルグレードのものはSAE30などの形で表記されます（上図②）。

　マルチグレードオイルの「W」の部分はウインターの略で、左側の数値がウインターグレード、右側の数値がサマーグレードを表しています。ウインターグレードの数値が小さいほど、寒さに対して強く冬期の始動性などにすぐれることになります。またサマーグレードの数値が高いほど熱に強いオイルで、いわゆる硬いオイルということになります（上図③）。

■オイルそのものの粘度は、W（ウインターグレード）を見たほうがいい

　マルチグレードオイルのベースとなるオイルの粘度は、左側のウインターグレードが示しています。右側のサマーグレードの粘度は添加剤によって保たれています。

　つまりオイルを長い間使用していると、添加剤の効果が薄れ、粘度がウインターグレードに近くなってくるということです。

　もちろんふつうに市販されているものは、一般的な使い方をする限り5000km程度では劣化することはありませんし、十分な性能が保たれていますが、特にターボエンジンなど発熱量が多いエンジンの場合には、ウインターグレードが0などの数値の小さいものは避けたほうが無難といえます。

第7章 エンジンパワーの損失を防ぐための潤滑系・冷却系

⚙ エンジンオイルの分類

エンジンオイルは、潤滑の良さ、油膜の強さだけでなく環境性能も求められるようになってきた。SHより上のグレード（SJ、SL、SM、SN）は環境性能をより重視したものとなっている。オイルはSAE粘度が小さいほど、低温時でも粘度を確保することができる。現在はSAE0Wもある。

①APIサービス分類（ガソリンエンジン用）

※2001年以降、SL、SM、SNが設定されているが、耐久性能や清浄性能にすぐれるほか、高い環境性能や省燃費性能を有している

分類	適用範囲
SE	酸化、高温沈殿物、サビ、腐食などの防止に対して、SDよりもさらに高い性能を備える
SF	酸化安定性、耐摩耗性の向上を図り、特にバルブ機構の摩擦防止を主眼としたものでSEより高い性能を備えている
SG	1988年に設定されたもので、SFクラスよりもさらに過酷な使用条件に耐えられるように耐摩耗性、耐スラッジ性が高められ、テスト方法もSFクラスよりも過酷になっている
SH	1993年から登場した規格。省燃費性能、低オイル消費、低温始動性、高温耐久性などにすぐれている
SJ	1996年10月にSHを超えるグレードとして開発される。主として環境対策オイルでオイル消費量を減らして、燃費も向上させている

②SAE粘度分類（主なもの）

SAE粘度番号	適用	粘度
SAE 5W	寒冷地用	低い ↑
SAE10W	寒冷地用	
SAE20W	冬季用	
SAE20	冬季用	
SAE30	一般用	
SAE40	夏季用	↓ 高い
SAE50	酷暑地用	

※1. SAE10W、SAE30などをシングルグレードオイルという
※2. SAE10W-30、SAE20W-40などをマルチグレードオイルという

③SAE番号と使用可能温度（主なもの）

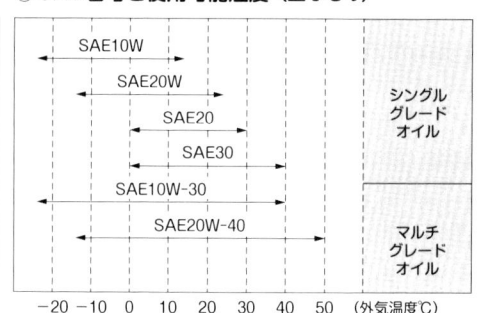

SAE10W／SAE20W／SAE20／SAE30：シングルグレードオイル
SAE10W-30／SAE20W-40：マルチグレードオイル
（外気温度℃：−20 −10 0 10 20 30 40 50）

⚙ APIとILSACのシンボルマーク

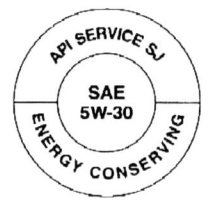

①APIサービスシンボル
APIサービスシンボルは通称ドーナツマークと呼ばれる。中央に粘度を示すSAE表示、上部にAPIサービス分類が示されている

（中央：SAE 5W-30、上部：API SERVICE SJ、下部：ENERGY CONSERVING）

②ILSACのシンボルマーク
ILSACのスターバーストマーク。この表示がされているエンジンオイルは、ILSAC規格をクリアした低燃費オイルとなる

（FOR GASOLINE ENGINES／AMERICAN PETROLEUM INSTITUTE CERTIFIED）

> **POINT**
> ◎SH、SNなどの表示をAPIサービス分類と呼び、性能の1つの目安となる
> ◎SAE5W-30などと表示されるオイルを、マルチグレードオイルと呼ぶ
> ◎ILSAC GF-4、GF-5と表示されたオイルは、より厳密な評価基準が適応されている

143

2. エンジンを適正な温度に保つ冷却システム

2-1 ラジエターと電動ファンの必要性

ボンネットを開けると、水を入れるキャップが付いた平たい箱のような部品があります。また、正面から見ると網状になっているようです。このパーツは、どのような役割を果たしているのですか？

エンジンで発生したパワーのうち、ピストンを押す**運動エネルギー**として有効活用されるのは約30％で、あとは排気となって捨てられてしまうのが約30％、ピストンやシリンダーヘッドに熱として伝わるのが約30％、**摩擦損失**となるのが約10％といわれています。

ピストンやシリンダーヘッドに伝えられた熱は、逃してやらないとシリンダーヘッドを歪ませたり、エンジン本体を壊してしまうことがあります。これを**オーバーヒート**といいますが、これについては148頁で解説します。

■ラジエターがあることで冷却水を適温に保つことができる

エンジンを適正な温度にコントロールするために使われるのが**冷却水**で、それをつかさどる重要なパーツが**ラジエター**です。ラジエターは、エンジン内部の熱を吸収して巡ってきた水を冷却する部分で、冷やされた冷却水は再びエンジン内部に戻って各部を冷却します。

ラジエターは上部タンク、下部タンク、**ラジエターコア**によって構成されています（上図）。エンジンの内部で高温になった冷却水は、上部タンクに入ってきます。続いてラジエターコアで冷却され、下部タンク部分から再びエンジン内に入っていきます。ラジエターの中でも核となる部分がラジエターコアです。これは冷却水が通るチューブという部分と、走行風が当たるための表面積を増やすフィンという部分からなっています（上図枠内）。

走行風が直接当たる部分となるために、エンジン前方でフロントグリルの内側など、冷却効率の良い部分に取り付けられます。

■低速走行時には電動ファンが強制的にラジエターに風を送る

ラジエターとセットになって装着されているのが**電動ファン**（**冷却ファン**）です。走行中はラジエターに風が当たるので必要がない場合もありますが、ゆっくり走っているときや停車中には、ラジエターはファンで強制的に風が吹きつけられ、冷却水を冷やしています（下図）。

こうしたシステムのお陰で、どのような走行時にも冷却水が適温に保たれることになります。

第7章 エンジンパワーの損失を防ぐための潤滑系・冷却系

ラジエターの構成とラジエターコアの構造

ラジエターは、冷却するための風が当たりやすいようにエンジン前部に置かれることが多い。ラジエターコアはチューブとフィンによって構成されていて、冷却水の熱はチューブで放熱され、さらにフィンでも冷やされる。

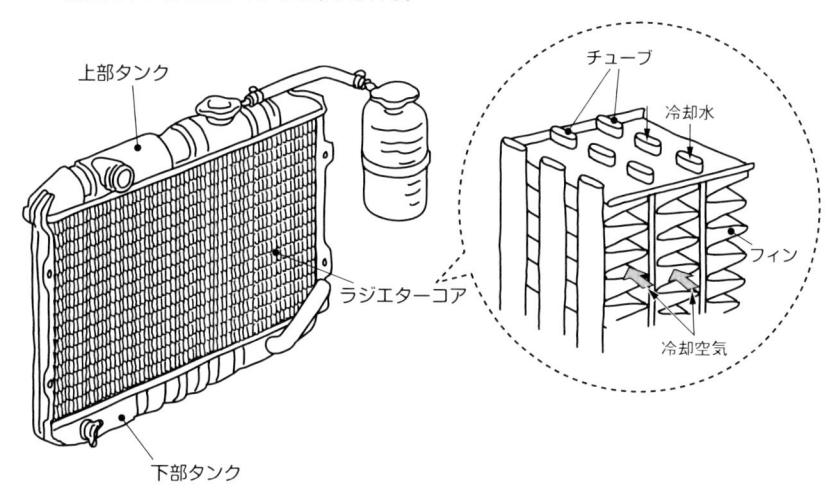

上部タンク
ラジエターコア
下部タンク
チューブ
冷却水
フィン
冷却空気

電動ファン(冷却ファン)の働き

外気
サブファン
メインファン
冷却水の熱を吸収した外気

電動ファンはラジエターに密接して取り付けられている。高速走行をしている場合は、外気だけで十分に冷やされることもあるが、アイドリング時や低速時には強制的にラジエターに風を送り、水温を適正に保つ。

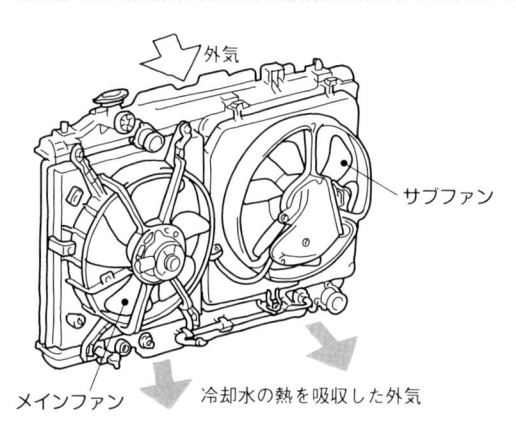

POINT
◎エンジン内を循環する水をラジエターで冷却して、エンジンの温度を管理する
◎ラジエターコアは、水が通るチューブと表面積を広げるフィンで構成されている
◎走行風が当たらないときには、電動ファンがラジエターに送風する

145

2-2 エンジンを冷却するしくみ

ラジエターによって冷却水を冷やすことはわかりましたが、そのためにはエンジン内に効率よく水を流す必要がありそうです。冷却水を循環させるためにどのような工夫がされているのですか？

ラジエターの働きについては前項で解説しましたが、ラジエターだけでエンジンを冷却することはできません。エンジンの中の"冷却水の流れ"が重要になります。

■冷却水は「シリンダーブロック→シリンダーヘッド」という経路を通る

冷却水は、シリンダーブロックからシリンダーヘッドに入っていきます（上図）。その通り路をウォータージャケットと呼びます。シリンダーヘッドでは排気ガスで温度が高くなっている排気ポートの周辺を冷却し、吸気ポート側に抜けていくようになっています。

これは温度の高い排気ポート側のシリンダーヘッドと温度の低い吸気ポート側の温度差を小さくするためで、熱膨張の違いによるシリンダーヘッドの歪みを小さくすることができます。

また、燃焼を考えた場合には、並んでいるそれぞれのシリンダーの周辺の温度に大きな違いがあることも望ましくありません。混合気の燃え方は点火時の温度に左右されるからです。

そのため直列6気筒などの長いエンジンでは、冷却水の流し方に工夫を凝らしています。前方のシリンダーから冷却水が流れていると（縦流れ冷却方式：中図①）、後方のシリンダーに行くまでに冷却水の温度が上がってしまうため、均等な冷却ができません。そこで、最初から各シリンダーに分配して同じように冷却するのです（横流れ冷却方式：中図②）。

■気温が低いときにはサーモスタットの働きでラジエターを迂回する

冷却系にはサーモスタットという装置が取り付けられています（上図）。これは、気温が低いときのエンジン始動時に早くエンジンを温めるために、冷却水の温度が低いときにはラジエターに流さず、ウォータージャケット内に還流させるようになっています（下図）。

しくみはカプセルの中にワックスを封入し、ワックスが熱によって膨張したり、冷えて収縮することを利用してバルブの開閉を行なうワックス式サーモスタットが多く、シンプルなつくりです。サーモスタットが作動する冷却水の温度は一般に80℃程度が適当とされています。

第7章 エンジンパワーの損失を防ぐための潤滑系・冷却系

冷却水が流れる経路

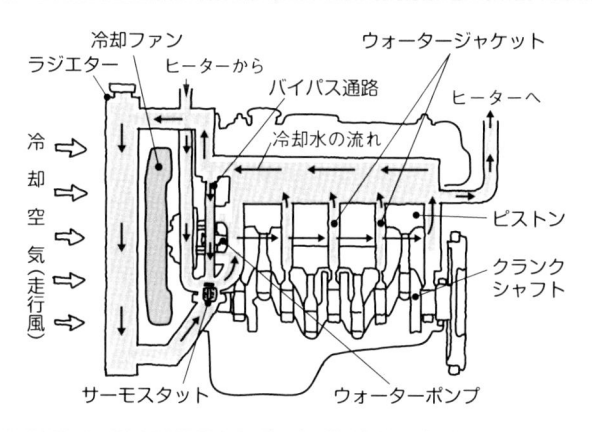

冷却水は、エンジンを動力として利用したウォーターポンプによって、エンジン内部のウォータージャケットの中を流れる。ラジエターには上部タンクから入り、走行風で冷却された後、再びエンジン内に戻っていく。水温が約80℃以下の場合は、サーモスタットによってラジエターを迂回する。

縦流れ冷却方式と横流れ冷却方式

冷却水の流れ方には、縦流れ方式と横流れ方式がある。直列6気筒など縦方向に長いエンジンの場合、横流れ方式が採用されることもある。

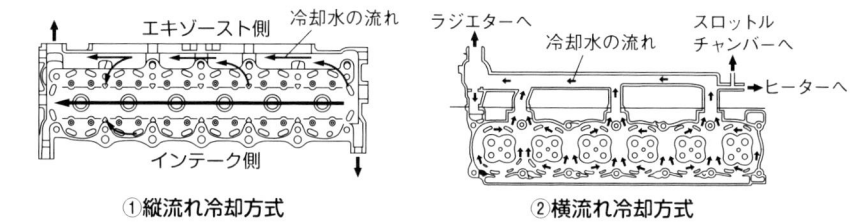

①縦流れ冷却方式

②横流れ冷却方式

サーモスタットの働き

①低温時(バルブ閉)

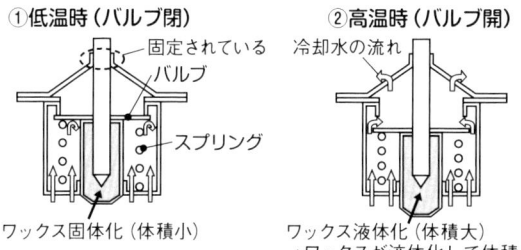

②高温時(バルブ開)

サーモスタットは、冷却水の温度が低い場合にバルブを閉じて、冷却水をラジエターを経ないで循環させる。高温になるとバルブを開く。

POINT
- ◎冷却水はウォーターポンプによりエンジンのウォータージャケット内を循環する
- ◎冷却水の流れ方には、縦流れ方式と横流れ方式がある
- ◎サーモスタットは低温時に冷却水を迂回させ、エンジンを早く温める

2-3 オーバーヒートの原因と対処法

オーバーヒートの状態になるとエンジンの性能が低下して、シリンダーヘッドの変形など重篤な事態を招くこともあるそうですが、これはなぜ起きるのですか？　また、どんなことに注意すればいいのでしょうか？

オーバーヒートとは、何らかの原因で冷却水の温度が異常に高くなり、その結果、エンジンが加熱して性能が低下したり、止まってしまう現象をいいます。

オーバーヒートの原因はいくつかあります。例えば、**ラジエターコア**が汚れていて、**ラジエター**を通過する風の量が少ない場合です。古いクルマだとラジエター内部のサビが原因で冷却効率が落ちて水温が上がる場合もあります。

◢低速で高回転までエンジンを回す状況を続けると水温が上がる

スピードがそれほど出ていない状態でエンジンを高回転にすると、ラジエターに当たる走行風が少なくなるためオーバーヒートになることがあります。低いギヤで高回転までエンジンを回し続けたり、登りの山道を走り続けるとそういう状態になる場合があります。

気温が高く、空気の温度そのものが高い場合や、冷却水の量がもともと足りていない場合にも起こりやすくなります。冷却水の量は、日頃のメンテナンスの項目としてチェックが必要です。

◢オーバーヒートは、クルマ側のトラブルという場合が多い

現在、エンジンや補機類にトラブルを抱えていないのにオーバーヒートが起きるということはまれになりました。オーバーヒートするということは、クルマに何らかのトラブルを抱えているということです。その主なものには**ウォーターポンプ**の不良があります。ウォーターポンプ自体にトラブルがなくても、ベルトの緩みでしっかり作動していないときは、オーバーヒートを起こすことがあります。**ウォーターパイプ**が破損して水漏れを起こすということもありえますし、ラジエターに送風するための**電動ファン**の不良で水温が上がることもあります（144、146頁参照）。

オーバーヒートが起きたとき注意したいのは、すぐにエンジンを切らないほうがいい場合が多いということです。水温計がH側に振り切っていない場合などがそれに当たります。エンジンを切ると、不十分でも動いていた冷却系がストップしてしまいます。走ってラジエターに風を当て水温が安定するのなら、安全な場所にクルマを止め、アイドリングしたままでボンネットを開けて熱気を逃しましょう。沸騰した冷却水が吹き出すので冷えるまで**ラジエターキャップ**を開けてはいけません。

第7章 エンジンパワーの損失を防ぐための潤滑系・冷却系

⚙ オーバーヒートのまとめ

🔴 症 状
- ◎水温計がHに近づく（冷却水の温度が高い）
- ◎水温計がH側に振り切った後Cになる（ヘッドガスケットの破損）
- ◎エンジンの力が落ちてスピードが出ない
- ◎エンジンから異音がする
- ◎エンジンルームから煙が出る

❓ 原 因
≪エンジントラブルが原因≫
- ・ラジエターキャップ・ホース類の劣化→冷却水の減少、漏れ
- ・ラジエター内部やサーモスタットなど、冷却水の循環経路の詰まり
- ・ウォーターポンプの不良（駆動ベルトの緩みなど）
- ・電動ファン（冷却ファン）の不良
- ・ゴミや汚れ、雪などでラジエター前部が塞がれることによる風通しの悪化

≪エンジントラブル以外が原因≫
- ・高負荷・スピードが出ていない状態での高回転による長時間走行

❗ 対処法
≪エンジントラブルが原因≫
- ・安全な場所でエンジンを停止する（冷却系が動いているようならアイドリング後停止も可）
- ・エンジンが冷めたことを確認してから、冷却水の量やホースなどからの漏れがないかチェックする
  →不足していたら、冷却水か応急処置として水を補給する（冷却ファンが回る場合）

≪エンジントラブル以外が原因≫
- ・アイドリング状態のままボンネットをあけて、熱気を逃す→冷却システムによって温度を下げる
- ・水温計で上がっていた水温が下がるかどうかチェックする

➕ 予防法
- ・水温計をこまめにチェックする→エンジンが暖まってくると、HとCの真ん中あたりで安定する
- ・冷却水をチェックする→減っている場合は補充する。減り方が異常なときは、液漏れをチェックする（ラジエター本体、ラジエターホース、ウォーターポンプ）

POINT
- ◎オーバーヒートは、何らかの原因で冷却水の水温が異常に上がることで起きる
- ◎原因は冷却水の漏れやウォーターポンプの故障など、トラブルによることが多い
- ◎オーバーヒートの状態でラジエターキャップを開けるのは非常に危険

COLUMN 7

場合によって対処法が異なる
オーバーヒート

　現代のエンジンはあまりオーバーヒートに悩まされるということはありませんが、かつては箱根をオーバーヒートしないで越えられることが基準になったと聞いたことがあります。

　さすがにその時代のことは知りませんが、私は2度ほどオーバーヒートに見舞われたことがあります。1度目は高速道路を走行中に急に水温が上がりはじめてHまでいってしまいました。Vベルト切れが原因でした。

　これには伏線があって、以前にパワーステアリングのベルトが切れてしまったために、交換していたということがありました。修理としてはそれで大丈夫と思っていたのですが、パワステベルトが切れたときにもう1本のVベルトのほうも傷めていたようでした。

　ウォーターポンプが動かなくなってしまったので走らせるのはあきらめ、ロードサービスの到着を待つしかありませんでした。念のためVベルトも交換しておけばよかったと思っても後の祭りです。

　2度目は、「持病」としてのオーバーヒートを持っていたクルマでの経験です。ふつうに走っている分には問題ないのですが、峠道などを登っていると水温が上がってきます。

　その場合にはヒーターを全開にして、熱を室内に持ってくることで冷却させて致命的なトラブルになることは防げました。おそらくラジエター内のサビなどが原因だったのだと思いますが、かなり古いクルマであったために、しっかり治す前に他のトラブルで廃車となりました。

　こうした不完全でも冷却系が動いている場合には、適切な対処をすることでオーバーヒートを防ぐことができます。

　前者の場合と後者の場合の見分けは、初心者の場合は難しいかもしれませんが、「オーバーヒートへの対処はケースバイケース」ということは覚えておいたほうがいいかもしれません。

第8章
燃費の向上と小型軽量化（ダウンサイジング）

Improvement of the mileage
and downsizing

1. 環境に配慮したガソリンエンジンの工夫

1-1 リーンバーンエンジン

燃費を良くすれば、石油資源の節約になるのはもちろん、排出CO_2の削減につながります。燃費を良くする方法としてリーンバーン（希薄燃焼）があるようですが、これはどのような方法なのですか？

104頁で述べたように、**理論空燃比**は14.7（空気）：1（燃料）と決まっています。これが完全燃焼を行なえる空気とガソリンの割合です。ただし出力が最大となるのは、それよりややガソリンが濃い12：1、燃費が最高となるのは17：1程度とされています。

ガソリンが空気に対して理論空燃比より濃い状態を**リッチ**、薄い状態を**リーン**といいますが、燃費が良くなるリーンの状態からさらにもっと薄いガソリンの割合でエンジンを稼働することを**希薄燃焼**（**リーンバーン**）といい、リーンバーンエンジンはそれが可能なエンジンです（上図）。

■薄い空燃比で着火するために必要な工夫

通常はガソリンと空気が理論空燃比になるように、よく混ぜてから燃焼させます。これはシリンダー内のどの場所も同一の空燃比となるため**均質燃焼**といいます。

リーンバーンでは、いちばん燃えやすい理論空燃比からは離れてしまうため、燃えやすくする工夫が必要になります。具体的には、スパークプラグの周辺にだけ濃い混合気が集まるようにするわけです。

こうした方法を**成層燃焼**と呼びます。そのために吸気の際の混合気に**スワール流**（ボア方向の流れ）や**タンブル流**（ストローク方向の流れ）といった流れをつくります。これにより、一度着火すれば薄い混合気も燃焼しやすくなります（下図）。

■リーンバーンではポンピングロスと熱損失が減るために燃費が改善される

「希薄燃焼」という言葉からは、ガソリンを少なく噴射する印象を受けますが、そうではなくガソリンはそのままに空気の割合を増やし、**ポンピングロス**（**吸排気損失**：78頁参照）を減らすというのがリーンバーンの本質です。

リーンの状態では**燃焼圧力**が下がり、結果として燃焼温度も上がらず、熱損失が少なくなって**燃費**が向上します。ただ、高負荷、高回転になると馬力が必要となり、均質燃焼に切り替えられるので、燃費がいいのは低速域だけということになります。

リーンバーンエンジンは、燃焼温度が低いと**三元触媒**が働きにくいなどの問題もあり、排気規制が厳しくなるにつれてそれをクリアするのが難しくなって、現在は姿を消しました。

第8章 燃費の向上と小型軽量化（ダウンサイジング）

🔧 リーンバーンエンジンによる燃費改善

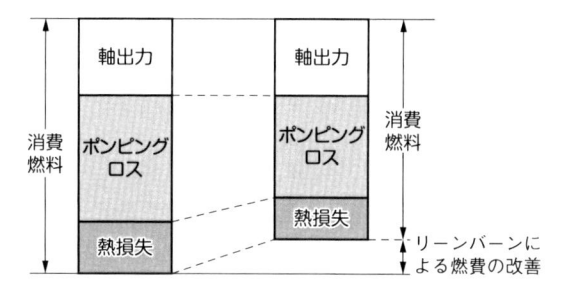

①ノーマルエンジン　②リーンバーンエンジン

リーンバーンエンジンは低速域において、燃料に対してより多くの空気を取り込み希薄燃焼させる。スロットルバルブを開くためにエンジンのポンピングロスが減り、さらに燃焼圧力が弱まることで熱損失も少なくなり、消費燃料を減らすことができる。

🔧 成層燃焼を可能にするためのスワール流とタンブル流

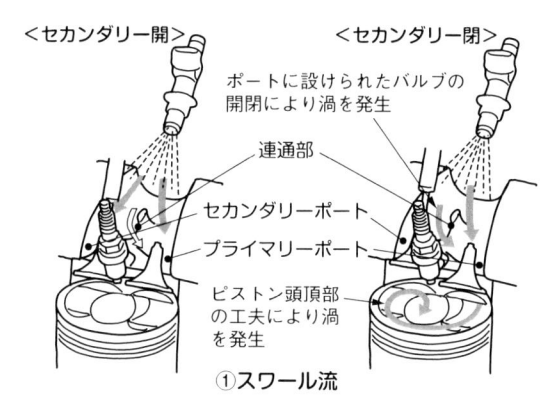

＜セカンダリー開＞　＜セカンダリー閉＞

ポートに設けられたバルブの開閉により渦を発生
連通部
セカンダリーポート
プライマリーポート
ピストン頭頂部の工夫により渦を発生

①スワール流

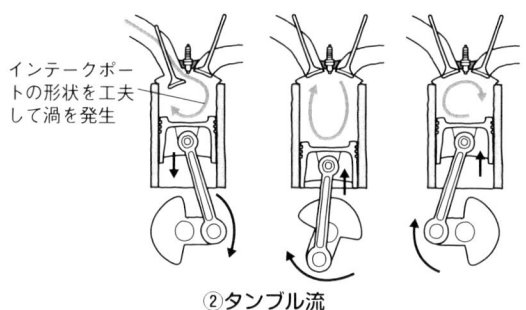

インテークポートの形状を工夫して渦を発生

②タンブル流

空燃比がリーン（燃料が理論空燃比より少ない）の状態だと、均質燃焼をさせようとしても着火しない。そこで、点火プラグの周りに濃い混合気の層をつくるためにスワール流やタンブル流をつくり、成層燃焼を促す。一度着火すれば、薄い混合気でも燃焼する。

POINT
- ◎リーンの状態で燃焼させてエンジンを稼働させるのがリーンバーンエンジン
- ◎リーンバーンでは、ポンピングロスと熱損失を低減することで燃費が向上する
- ◎三元触媒だけでは排ガス処理が難しいなど、規制が厳しくなり姿を消した

1-2 オットーサイクルとミラーサイクル（アトキンソンサイクル）

4サイクル（オットーサイクル）に対してミラーサイクルというものがあり、これは低燃費になると聞きました。どのようなしくみによって、低燃費を可能にしているのですか？

　オットーサイクルとは4サイクルのことで、1876年にドイツのニコラウス・オットーがつくりあげたことからこの名称がつけられました。それ以前にベルギーのルノアールが実用内燃機関をつくっていましたが、それは混合気を圧縮せずに大気圧で燃焼させるものだったため低効率でした。オットーが混合気を圧縮する方法を採用したことにより、効率が大幅に向上したのです。

■オットーサイクルは圧縮と膨張の割合が一緒

　オットーサイクルではシリンダー内をピストンが同じ距離上下するので、**圧縮比**と**膨張比**が同じになります（上図）。これに対し、圧縮比よりも膨張比を大きくしたのが、ジェームス・アトキンソン（英国）が確立した**アトキンソンサイクル**です。

　圧縮行程よりも**膨張行程**を長くするには、複雑なクランク機構が必要になり、高回転化が困難なことや、出力のわりに大型化してしまうことなどから、自動車用としては向いていないとされています。それをもっと簡単な機構で実現しようとしたのが**ミラーサイクル**です。これは米国人のラルフ・ミラーが考案したもので、吸気バルブの極端な早閉じ、遅閉じによって、実質的な圧縮行程を短縮しています。

■ミラーサイクルは、吸気バルブの遅閉じで膨張行程を長くする

　バルブタイミングは、オットーサイクルでも回転数によっては**吸気バルブ**の閉じる時期が下死点後となりますが、それをさらに遅くします。するといったん吸い込んだ吸気は一部が**インテークマニホールド**に押し戻されます。吸気バルブが閉まってから実質的な圧縮がはじまるので、ピストンのストロークに対して圧縮行程が短くなるのです（下図）。ミラーサイクルは、もともとのエンジン排気量を小さく使うので出力が小さくなりますが、膨張行程では本来の排気量の働きをさせることになるため熱効率の点からは効率が高まり、低燃費につながります。

　弱点は圧縮行程を途中からはじめるので、吸気量が少なくなるとともに、圧縮比も小さくなることです。そこで、自然吸気のミラーサイクルでは設計上の圧縮比を大きくしています。寸法上の圧縮比は大きくても、圧縮は途中からなので、こうする必要があります。172頁で解説するトヨタのハイブリッド用エンジンなどでは、12.5〜13.0という高圧縮比となります。

第8章 燃費の向上と小型軽量化（ダウンサイジング）

⚙ オットーサイクルの圧縮比と膨張比

オットーサイクルの場合、混合気を圧縮した分だけ膨張するので圧縮比と膨張比が等しい。一般的なエンジンはこの方式を採用している。排気量分、行程容積（41頁上図参照）を目一杯圧縮できるので、効率の良いエンジンといえる。

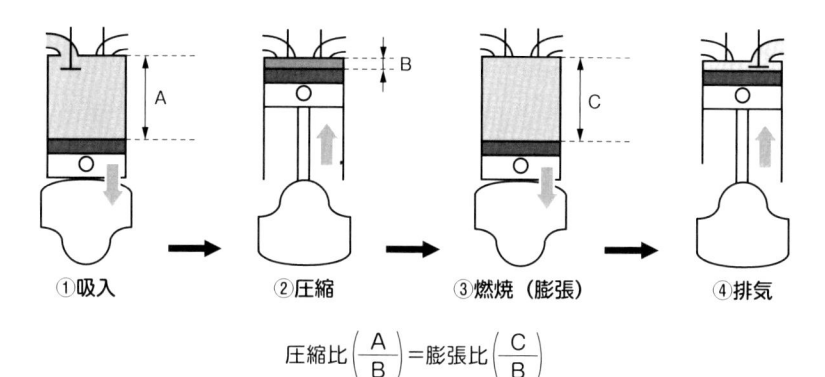

①吸入　②圧縮　③燃焼（膨張）　④排気

$$圧縮比\left(\frac{A}{B}\right)=膨張比\left(\frac{C}{B}\right)$$

⚙ ミラーサイクルの圧縮行程

圧縮比よりも膨張比を大きくしたミラーサイクル。吸気バルブを閉じるのを極端に遅らせることにより、行程容積を小さくして圧縮率を下げるが、膨張行程では行程容積を目一杯使うので熱効率は良い。

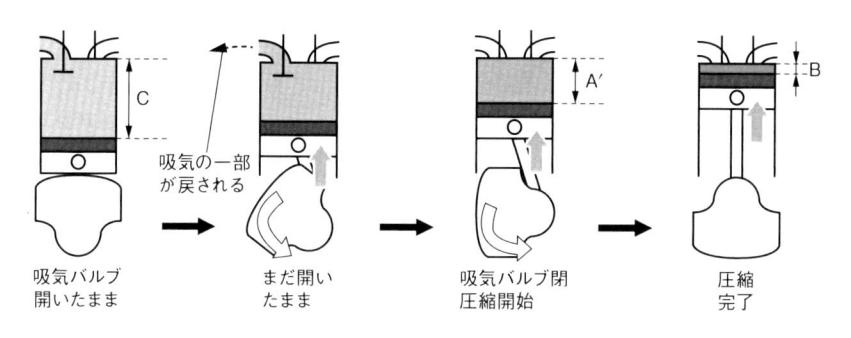

吸気バルブ開いたまま　／　まだ開いたまま（吸気の一部が戻される）　／　吸気バルブ閉 圧縮開始　／　圧縮完了

$$圧縮比\left(\frac{A'}{B}\right)<膨張比\left(\frac{C}{B}\right)$$

POINT
- ◎オットーサイクルは、圧縮比と膨張比が等しい4サイクルエンジン
- ◎アトキンソンサイクルは、膨張比を大きくできるが機構が複雑になる
- ◎より簡易な手法で膨張比を大きくするのがミラーサイクルエンジン

1-3 筒内直接噴射方式

筒内直接噴射方式（筒内直噴）では、燃焼室には空気だけを入れ、燃焼室に取り付けられたインジェクターからシリンダー内にガソリンを噴射するようですが、これにはどのようなメリットがあるのですか？

筒内直噴のメリットは、正確な量の燃料を必要なタイミングに合わせて高圧で噴射できることです。**ポート噴射**（通常の噴射）では、ポート壁に燃料が付くなど、適量を適切なタイミングでシリンダー内に送り込むのが難しい面があります（上図）。

■筒内直噴を用いることで希薄燃焼から超希薄燃焼へ

152頁でリーンバーンエンジンの解説をしました。ポート噴射では希薄燃焼をさせるのに限界がありますが、筒内直噴を用いることで超希薄燃焼が可能となりました。これには粒子の小径化が行なえる**インジェクター**も貢献しています（中図）。

ポート噴射では着火させることができないほど薄い混合気でも、筒内直噴であれば**スパークプラグ**近辺にガソリンを噴射することができるので、部分的に濃い混合気をつくって着火させ、その燃焼で希薄な混合気を燃焼させることができます。

筒内直噴はピストンに向けてガソリンを噴射するため燃焼室内の冷却効果があり、**ノッキング**が起こりにくくなって圧縮比を高めに設定できるのもメリットです。

しかし、**成層燃焼**（152頁参照）をねらった直噴方式は、低中速ではいいものの、大きな窪み（キャビティ）のあるピストンヘッドを用いることなどから、高回転、高負荷には向いておらず、実用燃費も思ったほど伸びなかったため、一時は、メーカーの直噴エンジンへの取り組みは終わったかのように見えました。

■成層燃焼ではなく均質燃焼を筒内直噴で行なうメリットも大きい

現在は、厳しさを増す**排ガス規制**や燃費規制に対応するため、新たな形の直噴が求められています。これは**均質燃焼**を重視しているのが特徴です。薄い混合気をねらっていないので、リーンバーンのように**ポンピングロス**（吸排気損失：78頁参照）を低減することはできませんが、シリンダーに燃料を直接噴射することにより、ピストンの熱的に厳しいところを冷却できることや、空気と別々に直接シリンダーに燃料を入れることから、空燃比のばらつきを小さくできるメリットがあります。

さらにインジェクターが進歩するとともに、「スプレーガイド方式成層燃焼システム」のように運転状況に応じて、主にインジェクターの工夫により均質燃焼から成層燃焼をつくり出す方式も出てきました。これには「**ピエゾ式※インジェクター**」という高圧で細かく制御できるインジェクターの役割が重要です（下図）。

※ ピエゾ式：電荷をかけることで伸び縮みするピエゾ素子（圧電素子）を用いているので、動作速度が速く、細かい制御が可能になる

第8章 燃費の向上と小型軽量化(ダウンサイジング)

筒内直接噴射方式

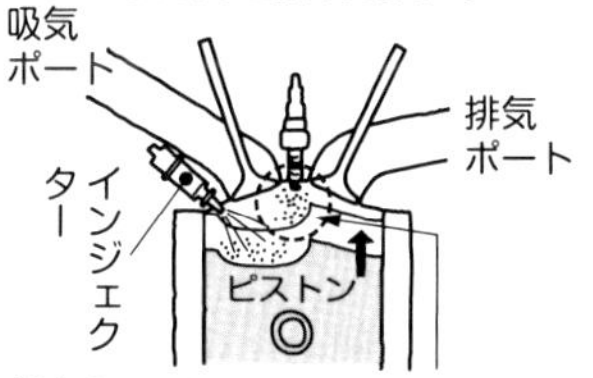

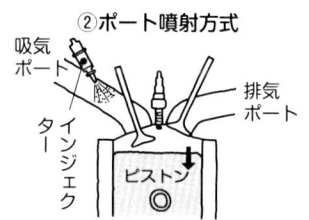

①筒内直接噴射方式

吸気ポート
インジェクター
ピストン
排気ポート

圧縮行程のピストン上昇にともなってプラグの電極付近に燃料が集中し、濃度が高まって燃焼を促進する

②ポート噴射方式

吸気ポート
インジェクター
ピストン
排気ポート

筒内直接噴射方式では、圧縮行程の終わりに燃料が燃焼室内に噴射される。一方、ポート噴射方式(吸入空気と燃料を混ぜてから燃焼室内に吸い込む)では、吸入行程で燃料が吸気ポート内に噴射され、空気と混合されて燃焼室内に入る。

フューエルインジェクターの工夫

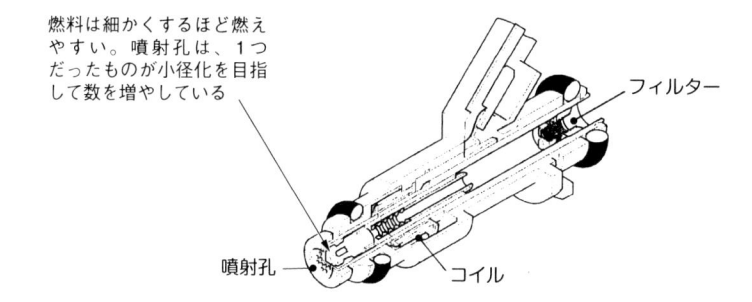

燃料は細かくするほど燃えやすい。噴射孔は、1つだったものが小径化を目指して数を増やしている

フィルター
噴射孔
コイル

スプレーガイド方式成層燃焼システム

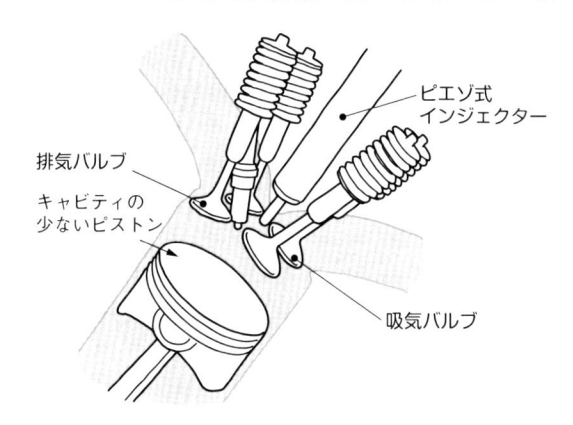

ピエゾ式インジェクター
排気バルブ
キャビティの少ないピストン
吸気バルブ

スプレーガイド方式の直噴では、ピストン頭頂部のキャビティはごく少なくなっている。成層燃焼を行なうには、ピエゾ式インジェクターという高圧噴射が可能で、応答性も速く、細かい制御ができるものを採用することが必要。これで成層燃焼から均質燃焼まで自在につくり出すことができる。

POINT
- ◎初期の筒内直噴方式は、リーンバーンをより進めた超希薄燃焼を可能とした
- ◎後に、希薄燃焼ではなく均質燃焼での直噴のメリットに目が向けられた
- ◎ピエゾ式インジェクターにより成層燃焼から均質燃焼までを可能としたものもある

157

1-4 アイドリングストップ

アイドリングストップは、燃費改善のための技術として採用するクルマが増えています。信号待ちや渋滞で停止と始動を半自動的に行なってくれるこのシステムは、どのようなしくみになっているのですか？

クルマが停止していても、エンジンが作動している限りガソリンを消費しています。燃費を考えた場合、クルマが停止している間はエンジンも停止しておくほうが合理的だという考え方から、**アイドリングストップ**ははじまりました。

もちろん、停止時には手動でエンジンを切って、走行時に再び手動でエンジンをかけるというアイドリングストップの方法もありますが、それでは煩雑ですし、バッテリーにも負担がかかります。また、ウインカーやワイパーなどの電装品のスイッチも切れてしまうという問題もあります。

◼ 手動でアイドリングストップした場合の不都合な点を改良

そこで専用のシステムを装着したアイドリングストップ機能が付けられるようになりました。ふつうのアイドリングストップは、通常のスターターシステムをそのまま使います。

クルマが停止したときに**ブレーキペダル**を踏んでいて、水温やバッテリー残量などからエンジンをストップしてもよい条件であれば、コンピューターからの指令によりエンジンがストップします。再始動はブレーキペダルを離すことで自動的に行なわれます。

また、ブレーキペダルを踏んだままであっても、ステアリングホイール（ハンドル）に力を入れると再始動が可能なタイプもあります。これにより、右折・左折や合流の際に早めに発進の準備が行なえます。

◼ なるべくセルモーターを使わない方向のアイドリングストップも登場した

アイドリングストップでポイントとなるのは、スターターやバッテリーへの負担が大きくなることです。そのため、**スターターモーター**は強化され、専用のものが使用されています（上図）。また、バッテリーは、すぐれた充放電特性※や頻繁な入出力に対応できる耐久性のあるものが必要で、専用バッテリーも開発されています。

スターターモーターをなるべく使わない発想のマツダの「i-stop」などのシステムもあります（下図）。ピストンを再始動に適した位置にコントロールして、燃焼行程のシリンダーに燃料を噴射するとともにスターターでアシストし、次に燃焼する気筒が圧縮上死点を超えた後、混合気に点火することで再始動します。

※ すぐれた充放電特性：アイドリングストップ用バッテリーは、エンジンが停止しているときも電装品に使用されているため、短時間で充電できる特性が必要

第8章 燃費の向上と小型軽量化（ダウンサイジング）

⚙ アイドリングストップに対応したスターターモーター

従来のエンジンに比べて使用頻度が格段に高くなるため、アイドリングストップによる再始動はスターターモーターに負担をかける。そのため、専用のスターターモーターで各部の強化、長寿命化を行なっている。

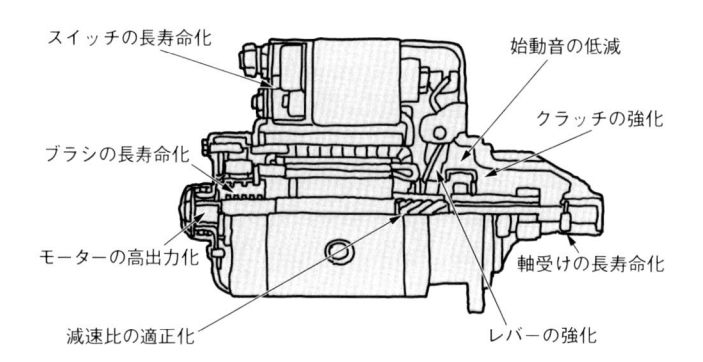

- スイッチの長寿命化
- 始動音の低減
- ブラシの長寿命化
- クラッチの強化
- モーターの高出力化
- 軸受けの長寿命化
- 減速比の適正化
- レバーの強化

⚙ スターターモーターを補助的に使ったアイドリングストップ機構

マツダの「i-stop」では、エンジンを始動する際に、燃焼行程にあるシリンダーに燃料を噴射する。それだけではエンジンを始動するだけの膨張を得られないので、スターターモーターでアシストし、続いて圧縮から燃焼行程に移ったシリンダーに燃料噴射することで再始動する。前提としてエンジン停止中にピストン位置を適正に制御する必要がある。

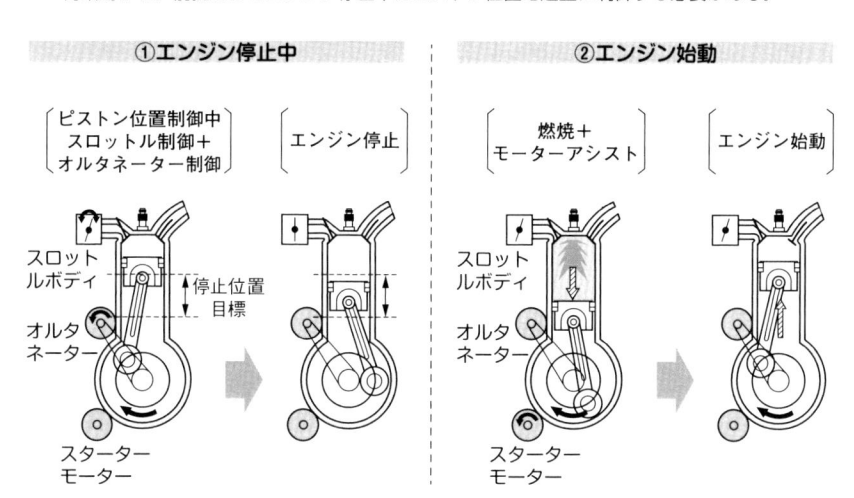

①エンジン停止中

[ピストン位置制御中 スロットル制御＋オルタネーター制御] → [エンジン停止]

スロットルボディ／オルタネーター／停止位置目標／スターターモーター

②エンジン始動

[燃焼＋モーターアシスト] → [エンジン始動]

スロットルボディ／オルタネーター／スターターモーター

POINT
- ◎アイドリングストップは、信号などで止まっているときエンジンを停止する
- ◎スターターモーターやバッテリーの負担が大きいため、専用のものが使われる
- ◎スターターモーターに過度に依存しないi-stopなどのシステムも開発されている

159

1-5 小型軽量化することのメリット

最近は「ダウンサイジング」という言葉をよく聞きますが、その目的は小さなエンジンで、パワーと燃費性能を両立させることのようです。そのようなことをどうやって実現しているのですか？

　大排気量、大パワーのエンジンはモータースポーツなど特殊なケースを除き、自動車メーカーにとってあまり重要ではなくなっています。

　ガソリンエンジンのこれから進むべき道として、エンジンをダウンサイズしながら、直噴と過給の組合せで好燃費と大排気量並のパワーを出すという方向性がはっきりしてきました（上図）。

◼ フォルクスワーゲンがTSIで提案したダウンサイジングコンセプト

　これはダウンサイジングコンセプトといいますが、欧州では小型車の標準的な方式となっており、米国でも広がっています。その先鞭をつけたのは、フォルクスワーゲン（VW）が2005年に発表した「TSI」です。

　VWは全ガソリンエンジンをTSIによりダウンサイジング化する方向としていますが、そのメリットはスペース効率を有効に使えること、クルマ全体を軽量化できることなどで、軽量化は燃費に直接影響を与えます。また全体がコンパクトであるということは、エンジンの**フリクションロス**（**摩擦による損失**）も低減します。

　ただし、小さな（排気量の）エンジンでは、必然的にパワーが限られます。そこで「**直噴**」と「**過給**」の技術が進歩することによって、それをクリアする道筋が生まれたわけです。

◼ 小さなエンジンに直噴、過給を巧みに用いてパワーも燃費も両立させる

　TSIエンジンでは、最初の1.4L TSIエンジンが**スーパーチャージャーとターボチャージャーの両方が装着されたツインチャージャー**でした（下図）。これは低回転ではエンジンの動力によって過給されるスーパーチャージャー、高回転では排気ガスのエネルギーで強力な過給ができるターボチャージャーを使用したものです（96頁参照）。

　今まで過給エンジンだと圧縮比を低くする必要があり、低回転ではトルクが不足しましたが、直噴技術の進歩などでシリンダー内部を冷却することで、比較的圧縮比も高く、低回転からトルクフル（パワフル）な性格を持っています。

　回転を上げなくてもストレスなく走れるということは、燃費を考えた際も有効で、「過給器付きエンジン＝燃費が悪い」という概念を覆すものとなっています。

第8章 燃費の向上と小型軽量化（ダウンサイジング）

エンジンのダウンサイジング+直噴・過給

従来の考え方では、大パワーが必要な場合は大排気量にして燃費やスペースはある程度あきらめるという方向だったが、現在は、直噴や過給の技術が進歩したことで「コンパクト」「パワフル」「低燃費」という"いいとこ取り"のエンジンが可能となった。

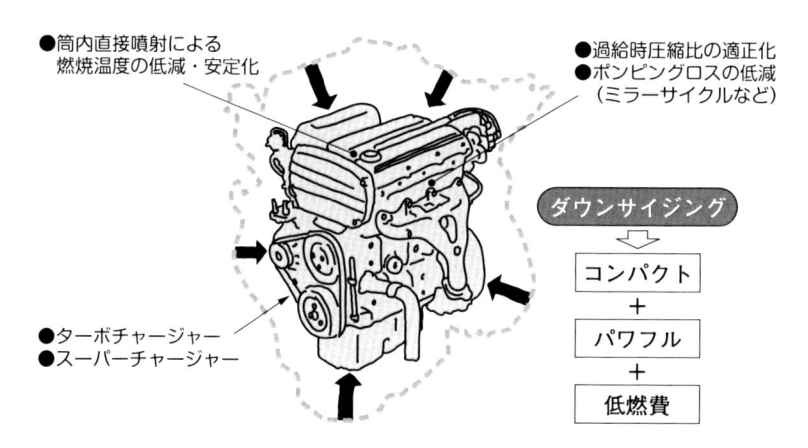

- 筒内直接噴射による燃焼温度の低減・安定化
- 過給時圧縮比の適正化
- ポンピングロスの低減（ミラーサイクルなど）
- ターボチャージャー
- スーパーチャージャー

ダウンサイジング
⇩
コンパクト
＋
パワフル
＋
低燃費

VWのツインチャージャーTSIの概念図

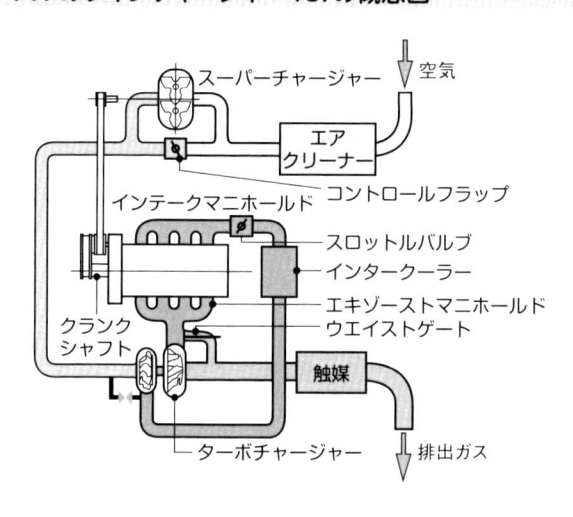

VWが1.4Lという小排気量エンジンで、大きなエンジンのメリットを実現することを目指したのがTSI。直噴や過給の技術進歩がカギを握っている。実用域で使いやすく、低燃費を実現している。

図中ラベル：スーパーチャージャー、空気、エアクリーナー、インテークマニホールド、コントロールフラップ、スロットルバルブ、インタークーラー、エキゾーストマニホールド、ウエイストゲート、クランクシャフト、触媒、ターボチャージャー、排出ガス

POINT
- ◎「ダウンサイジングコンセプト」が世界の潮流となってきた
- ◎直噴、過給の技術の発達でコンパクトでも実用域のパワーが出せるようになった
- ◎2005年にVW社のツインチャージャーTSIがその先鞭をつけた

161

1-6 エンジンに必要な要素

これまで自動車エンジンについてさまざまな角度から見てきて、エンジンに必要とされる要素が多岐にわたることがわかりました。その中でも、エンジンの性能を上げるために重要なことは何ですか？

　エンジンが内燃機関という動力である以上、「どれだけ効率的に動力を取り出せるか？」が重要になります。

　かつては大きな動力を取り出すには、多くの燃料を使用しても当たり前という時代がありましたが、現在は「できるだけ燃料を使わないで」という条件がつくことになります。

　ガソリンエンジンとは「ガソリンが燃えることによって生まれた熱を、クルマを動かす力に変える装置」です。ガソリンを効率よく燃やすには空気が必要で、**理論空燃比**はガソリン1に対して空気が14.7であることは104頁で解説したとおりです。

▉ いかに吸気し、圧縮し、点火するかが大切（上図）

①**吸気**：吸気系では「いかに空気を効率よく取り入れるか」が問われます。そのために**インテークマニホールド**に工夫をしたり、**スロットル**の電子制御化が行なわれてきました（90頁参照）。良い吸気はエンジン性能を上げる前提条件です。

②**圧縮**：**インジェクター**によって噴射されたガソリンは、空気とともに**混合気**となって**燃焼室**で圧縮されます。ここが強い膨張力を生み出す力となります。そのために、**ピストンリング**でしっかりと気密性を保ちながら、ノッキングを起こしにくい燃焼室形状を模索してきました。

③**点火**：十分圧縮された後に、**スパークプラグ**により点火されます。ここでいいタイミングで強い火花をつくることが、効率のよい燃焼（膨張）行程に導きます。**点火システム**もポイント式からトランジスタ式へと移行し、点火時期の調整も機械式のものから、電子制御式でより緻密に行なえるものへと進化しています。

▉ 基本を抑えたうえで、筒内直噴や高性能インジェクターで燃費を向上する

　このような個々の技術の向上のうえに、154頁から160頁までで解説した**ミラーサイクルエンジン**、**筒内直噴**や**ピエゾ式インジェクター**による**均質燃焼**と**成層燃焼**の使い分け、**ダウンサイジング**と**過給器**の組合せなど、より燃費性能にも配慮したエンジンが登場してきています。

　現在は1つだけではなく、複合的な技術力のアップがエンジンの要となっているのです（下図）。

第8章 燃費の向上と小型軽量化（ダウンサイジング）

良いエンジンのキーワード

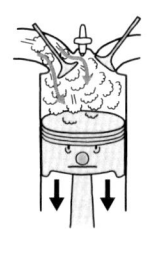

❶良い吸気
エンジン性能を上げる前提条件
- インテークマニホールドの工夫
- スロットルの電子制御化

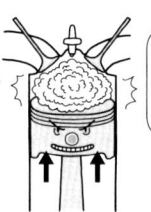

❷良い圧縮
強い膨張力を生み出す力
- ピストン、ピストンリングの気密性向上
- 燃焼室形状の工夫

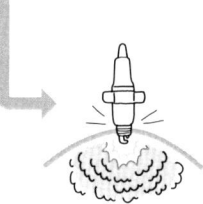

❸良い点火
効率の良い燃焼（膨張）を導く
- 火花の強さとタイミングの電子制御化

これらの条件により **強い膨張力**

エンジンに求められる要素

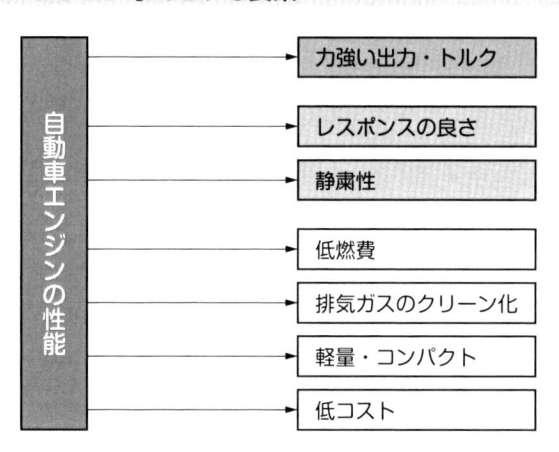

自動車エンジンの性能
- 力強い出力・トルク
- レスポンスの良さ
- 静粛性
- 低燃費
- 排気ガスのクリーン化
- 軽量・コンパクト
- 低コスト

エンジンは効率よく出力・トルクを出すことが第一に求められるが、現在は環境性能を求められるようになり、燃費や排気のクリーン度が重要視されるようになってきた。ここに新技術が投入されている。軽量コンパクトにすることやコストを抑えることも環境性能の一環といえる。走りやすさでいえばレスポンスが重要であるし、静粛性は快適さにつながることであり見逃せない。

POINT
- ◎現代のエンジンはなるべく燃料を使わず、高出力を出すことが求められる
- ◎良い吸気、良い圧縮、良い点火は普遍的なエンジン性能のポイント
- ◎燃費や排気ガスの浄化は、直噴、インジェクターの高性能化、過給がポイント

COLUMN 8

大きさというステータスからの脱却
ダウンサイジングという現在の潮流

　クルマはモデルチェンジのたびに大きくなるというのが当たり前の時代がありました。現在は、モデルチェンジでボディサイズが小さくなるのはもちろん、エンジンまで小さくなっていく流れができてきました。

　大きいことが高級という時代から、コンパクトで合理的なサイズが好まれるようになったということは、自動車ユーザーの成熟という見方もできると思います。エンジンが小さくなることは、技術の進歩とともに環境に配慮したという面があります。欧州ではユーロ6という排気ガス規制が2014年から施行され、それをクリアするためには排気量を小さくせざるを得なかったという面も拭いきれません。

　ただ、小さいエンジンが非力であるという認識は改める必要があるといえるでしょう。合理的な理由もあります。4気筒から3気筒になるということは、エンジン内部のフリクションロス（摩擦による損失）を減らすことです。また、排気量に適したシリンダー容量は400cc～600ccといわれ、そこからも1200cc程度なら3気筒が適していることになります。

　一方3気筒は、燃焼するシリンダーの順番の関係からクランクシャフトを捻るような動きになってしまい、振動が大きくなるという問題もあります。これはクランクシャフトの工夫やエンジンマウントの改良で大分抑えられるようになりました。振動に関しては、アイドリング時がいちばん問題になりますから、その点アイドリングストップが普及したということも大きいでしょう。

　ダウンサイジングでは、ディーゼルターボも見逃せません。混合気ではなく空気を吸い込むということは、ノッキングの心配が少なくガソリンエンジンより過給圧を上げられますし、ディーゼルエンジンは低速トルクがあるので、ターボの効かない領域でもレスポンスが良い傾向となります。

　かつてよりも小さな排気量や気筒数で、動力性能と燃費を改善していくという流れは今後も続くでしょう。

第9章

ガソリン以外のエンジンと新世代の動力源

The engine and
new generation power source

1. ガソリンエンジンだけではない、エンジンの新トレンド

1-1 ディーゼルエンジンの特徴

これまでの解説はガソリンエンジンが中心でしたが、レシプロエンジンにはもう1つディーゼルエンジンがあります。これはガソリンエンジンとどこが違い、どのようなメリット・デメリットがあるのですか？

ディーゼルエンジンは、燃料にガソリンではなく**軽油**を用います。軽油はガソリンより**引火点**（炎を近づけたときに引火するような可燃性の蒸気を発生する最低の温度）は高いのですが、**着火点**（軽油を噴射する空気の温度を上げてやると自然発火する点）が低いという特徴があります（上図）。

そのため、高い**圧縮比**で空気を圧縮してその温度を上げれば、そこに軽油を噴射するだけで着火して稼働します。エンジン始動時だけはグロープラグ（予熱プラグ）を使用して温度を上げます（中図、下図）。

▰ **構造はシンプルだが、高い圧縮比に耐えるための強度が必要で重くなる**

ディーゼルエンジンは、ガソリンエンジンのような**スパークプラグ**を持たず、空気を高温になるまで圧縮するために、その圧縮比は17〜20と**ガソリンエンジン**の倍近くになります。

また、ガソリンエンジンとは違い、スロットルバルブでの**ポンピングロス**（吸排気損失：78頁参照）がないのでエネルギー効率が高く、**燃費**が良いというメリットがあります。アクセルペダルは、ガソリンエンジンのようなスロットル開度ではなく、**インジェクター**の噴射量を調整することになります。

ただ、高圧縮であるということは、エンジン各部の強度が必要となりますし、パーツ自体も重くなるのでエンジン全体が重くなり、慣性による振動も大きくなります。そのため、快適性を重視する乗用車よりも、業務用で大型のトラックやバスに使われることが多いという傾向にありました。

▰ **排気ガスの問題は新たな技術で克服しつつある**

さらに**排気ガス**の問題もあります。燃費が良いのでCO_2の排出は少ないのですが、燃料と空気の混合が難しく空気利用率が悪くなり、**PM**（粒子状物質、スス）が発生しやすくなります。また、排気ガス中の**NOx**や**HC**の濃度が高くなりやすく、それが大きくクローズアップされた時代もありました。

現在は技術の進歩により、欧州を中心に乗用車用の小型ディーゼルエンジンが盛んにつくられ、排気ガスの問題もさまざまな技術の投入により大分事情が変わっていますが、それについては次項で述べます。

第9章 ガソリン以外のエンジンと新世代の動力源

軽油とガソリンの比較

ガソリンは引火点は低いが、着火点が高く自然発火しづらい。軽油は着火点が低く、強く圧縮したところに燃料を噴射すると自然発火する。この特性を利用してディーゼルエンジンの燃料として使用されている。

	軽油	ガソリン
留出温度	30～200℃の範囲で留出	200～300℃の範囲で留出
蒸発	蒸発しにくい	蒸発しやすい
引火点	40℃以上	−40℃以下
着火点	約250℃	約300℃

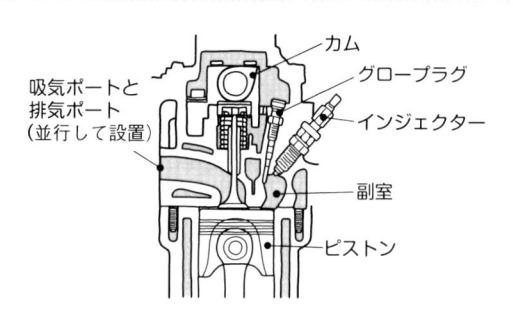

ディーゼルエンジンの構造

ディーゼルエンジンがガソリンエンジンと違うのは、エンジンを稼働するのにスパークプラグが不必要なところ。始動時にはグロープラグにより温度を上げて着火するが、一旦かかってしまえば、圧縮時に燃料を噴くことで動き続ける。

（図：カム、グロープラグ、インジェクター、副室、ピストン、吸気ポートと排気ポート（並行して設置））

4サイクルディーゼルエンジンの行程

①では混合気ではなく空気のみを吸入する。②で圧縮し、この状態でインジェクターから軽油を噴射する。圧縮されて高熱となっている空気と軽油が混合されることにより燃焼し（③）、④の排気に至る

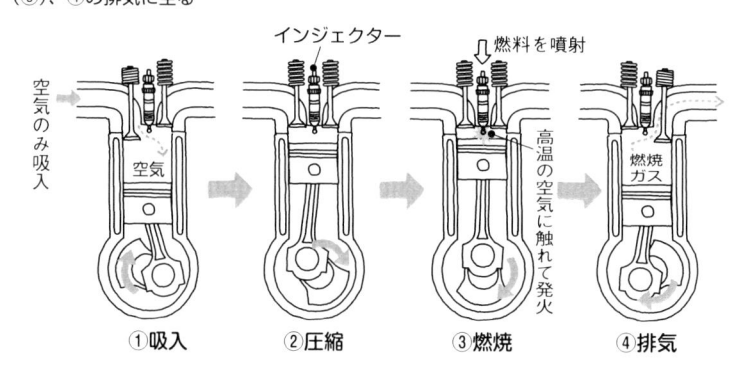

①吸入（空気のみ吸入、空気） → ②圧縮 → ③燃焼（燃料を噴射、高温の空気に触れて発火） → ④排気（燃焼ガス）

POINT
◎ディーゼルエンジンはスパークプラグを用いず、圧縮空気に燃料を噴射する
◎頑丈な構造が必要なため、ガソリンエンジンよりも重量が重くなる
◎排気ガスが問題視されてきたが、新しい技術により解決しつつある

1-2 進化したディーゼルエンジン

ディーゼルエンジンは大型トラックやバス用というイメージがありますが、現在では欧州を中心に乗用車用としても積極的に使用され、排気ガスもクリーンで静粛性も高くなっています。どのような進化があったのですか？

　前項で述べたようにディーゼルエンジンは燃費が良く、低中速でトルクがあり、耐久性が高いというメリットがある反面、騒音や**排気ガス（NOx、PM）の問題**などがありました。

■コモンレール方式を採用したことできめ細やかな燃料噴射が可能に

　しかし、コンピューター制御が進化し、インジェクターの制御にコモンレール方式を採用することにより、現在ではデメリットを克服しつつあります。

　コモンレール方式は、従来からの「軽油を強く圧縮して、燃焼室内に直接噴射する」という基本は同じですが、燃料ポンプからインジェクターまでの間に**コモンレール**という「高圧となった軽油を一旦蓄えておく部品」を用いているのが特徴です（上図）。

　インジェクターによる燃料噴射は電子制御となっています。コンピューターが適切な燃料の噴射時期、量を判断し、インジェクターはコモンレールにストックされた燃料を用い、その指示どおりにきめ細やかに燃料噴射します。

　これで燃焼状態が理想に近づいたことで有害な排気ガスが低減し、燃費もさらに良くなるという結果となりました。

■さらに排気ガスの対策のために新技術が採用された

　それでも厳しくなる排気ガス規制に対しては、他の技術も盛り込んだ対策を図っています（下図）。

　DPF（ディーゼルパティキュレートフィルター）は、黒煙やススとなる**PM**を吸着させるフィルターで、PMを吸着処理して排気ガスをクリーンにします。

　NOxに関しては、NOx吸蔵還元触媒を用いて対処するとともに、**尿素SCR**という、NOxと尿素を反応させて還元する触媒を使って排気ガスの浄化ができるようにしています。

　このほか、乗用車に搭載しやすいように軽量、コンパクト化を図りながら、**ピエゾ式インジェクター**（156頁参照）により燃料の噴射パターンを多彩化したり、噴射量とタイミングの精密化を図るなど、ガソリンエンジンと遜色ないほど静粛性にすぐれ、活発に回るエンジンも開発されつつあります。

第9章 ガソリン以外のエンジンと新世代の動力源

コモンレール燃料噴射システム

コモンレール方式で軽油を溜めておき、コンピューター制御によりソレノイドインジェクターから噴射する。細かいコントロールが可能となったため燃焼状態を改善することができるようになり、熱効率をアップするとともに排気ガスの浄化も可能となった。

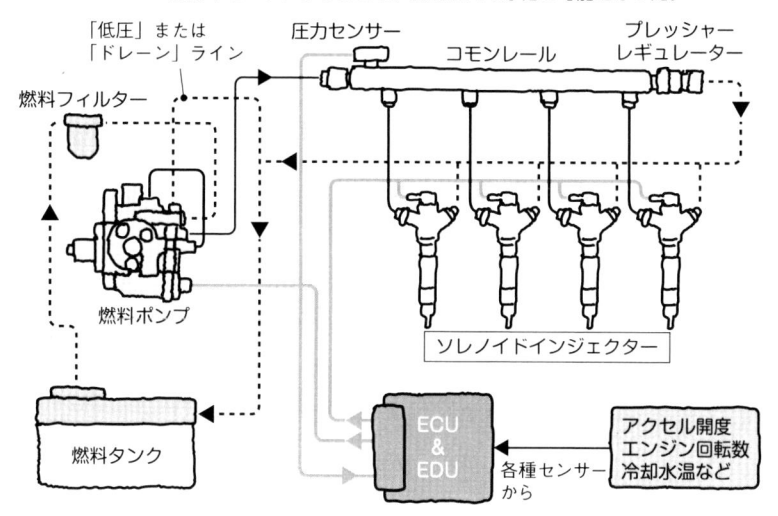

尿素SCR触媒とDPF

燃え残ったスス(PM)はDPFを装着することにより吸着処理する。NOxに関しては、尿素水タンクに貯めておく尿素と反応させて還元処理をするSCR触媒などでクリーン化を図っている。

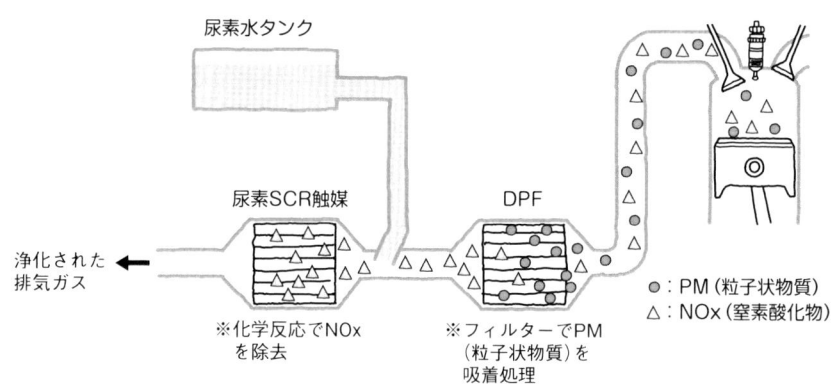

●：PM（粒子状物質）
△：NOx（窒素酸化物）

POINT
◎コモンレール方式により、理想に近い燃焼で排気ガスをクリーン化した
◎DPFフィルターを用いることにより、黒煙やススとなるPMを取り除いた
◎NOxは尿素と化学反応させることにより還元処理をし、排気ガスが浄化された

1-3 ディーゼルターボのメリット

ディーゼルターボという言葉をよく聞くようになりました。あまりスポーティとはいえないディーゼルエンジンとターボの組合せに多少の違和感を覚えますが、どんなメリットがあるのですか？

ディーゼルエンジンへのターボの装着はもともと行なわれていましたが、現在、さらに装着率が上がってきました。エンジンは、ターボを装着すれば小さくても大きなパワーを生み出すことができます（96頁参照）。乗用車用にコンパクトなエンジンを搭載した場合にそのメリットは生きてきます。

■ ディーゼルエンジンは混合気を圧縮したときのノッキングがない

ディーゼルエンジンの場合、吸入して圧縮するのは空気だけなので、**ガソリンエンジン**のような高圧縮による**ノッキング**を起こす心配がありません（上図、40頁参照）。そのため、原理的にはエンジンの強度の限界まで加給圧を高めることができます。ディーゼルエンジンにターボを取り付けると、ガソリンエンジンよりも低回転からトルクを生み出すことが可能となります。

また、ディーゼルエンジンは**スロットルバルブ**を持たず、低速でも排気圧力が高いということも、排気エネルギーでタービンを回し、コンプレッサーで強制的に吸気させるターボを利用する利点となっています。

ディーゼルエンジンとターボのマッチングが良いのは、ターボの進化も関係しています。エンジン回転がある程度上がらなければターボが**過給**しないターボラグの問題が、**可変ノズルターボ**によって改善されたのです。

これは、低回転時にはレスポンスの良い小型ターボのように排気の入り口を狭くして、パワーは小さいものの低回転から過給するようにし、高回転になると本来の過給で最大出力が出るように、可変のノズルを装着したものです（下図）。

■ ディーゼルターボは排気ガスのクリーン化にも好影響がある

さらに**排気ガス**にも好影響を及ぼします。過給によって大量の空気が**燃焼室**に流れ込むと、燃え残る燃料が少なくなるため**PM**やススの発生が減ります。燃焼温度が下がるので**NOx**の発生も少なくなります。こうした排気ガスの問題を解決するためにも、ディーゼルエンジンの過給器装着は有効といえます。

ターボチャージャーはただ捨てるだけだった排気エネルギーを過給に利用しているということからも、トルクの増加、排気ガスのクリーン化、燃費の向上など、ディーゼルエンジンはメリットが多いものとなり得るのです。

第9章 ガソリン以外のエンジンと新世代の動力源

ディーゼルエンジンのメリット

ガソリンエンジンはノッキングの発生のために過給の上限が抑えられるが、ディーゼルエンジンはその心配がないため、吸入、圧縮で多くの空気を取り込んだ場合、インジェクターからより多くの燃料を吹き込んでトルクを増大させることができる。

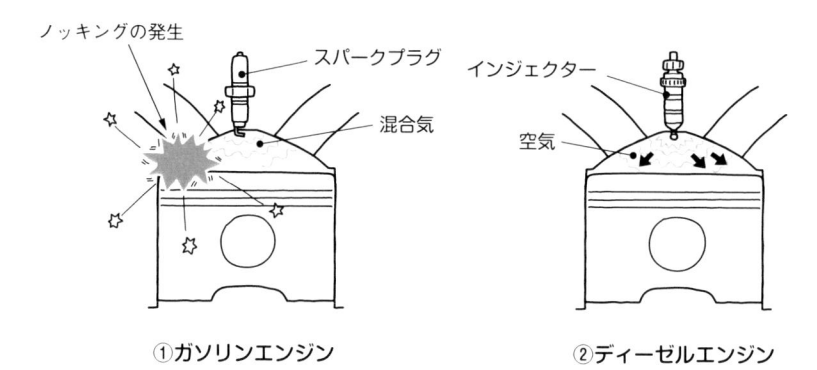

- ノッキングの発生
- スパークプラグ
- 混合気
- インジェクター
- 空気

①ガソリンエンジン　②ディーゼルエンジン

可変ノズルターボ

可変ノズルターボは、タービン外周に設けられた可変ノズルが開閉することで、排気ガスの流速や圧力を調整することができる。低回転時は小型ターボと同じように排気の進入口を狭めて、低回転でもターボの効果が得られるようにし、高回転では広くして最大限のターボの過給を得られるようにしている。

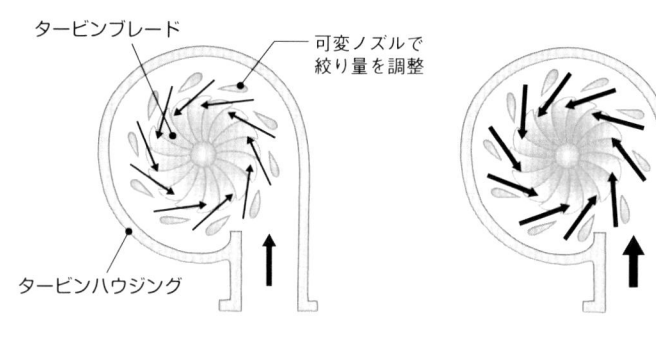

- タービンブレード
- 可変ノズルで絞り量を調整
- タービンハウジング

①低回転時
排気ガス量 少＝ノズル 絞
→ 低速トルク向上

②高回転時
排気ガス量 多＝ノズル 開
→ 燃費向上

POINT
◎ディーゼルエンジンはノッキングの心配がなく、ターボとの相性が良い
◎スロットルバルブがなく、低速でも比較的高い排気圧を持つのも利点
◎可変ノズルターボなどの採用により、ディーゼルにターボは最適となった

171

1-4 ハイブリッドエンジン

ハイブリッドという言葉を調べると、生物学で異なる種類・品種の動物・植物を人工的にかけ合わせてできた交雑種のことでした。エンジンのハイブリッドには、どのような特徴やメリットがあるのですか？

エンジンとモーターを組合せた動力（**ハイブリッドエンジン**）を持つクルマをハイブリッド車と呼んでいます。2つの動力源を使い分けるということではこの組合せに限らないのですが、ここでは「エンジン×モーター」について説明します。

■エンジンとモーターの組合せは大きく3種類に分けられる

エンジンとモーターをどのように組合せて使うかでいくつかの種類に分けられます。1つは**シリーズ方式**と呼ばれるものです（図①）。

これはエンジンで発電機を駆動して、その電力でモーターを動かします。この場合、エンジンは基本的には発電しか受け持っていません。どちらかというと次項で解説する **EV**（Electric Vehicle：**電気自動車**）に近いといえますが、エンジンの効率のもっとも良いところをつねに使用して発電できるために、**燃費**も良くなり**航続距離**（燃料満タンで走れる距離）も長くなります。

2つ目が**パラレル方式**と呼ばれるものです（図②）。これはエンジンをモーターがサポートする方式といえます。エンジンは走行用として使われますが、大きな負荷がかかる「発進」「加速」「登坂」時などにモーターがサポートする形です。

モーターはゼロ回転から最大トルクを発揮します。エンジンは低回転ではトルクが小さくなります。そこでモーターとエンジンの組合せは合理的になります。また、モーターはジェネレーター（**交流発電機**）でもあるので、**回生ブレーキ**[※]などを利用して運動エネルギーを電力エネルギーに変換して発電、充電を行います。

■シリーズ・パラレル方式は、モーターだけで走ることができる

3つ目は**シリーズ・パラレル方式**と呼ばれるもので（図③）、状況に応じてモーターだけの走行、エンジンだけの走行ができますし、パワーが必要なときにはモーターとエンジンの両方が作動します。これはトヨタ・プリウスが初代から採用しています。

シリーズ・パラレル方式には**プラグインハイブリッド**という装備が備えられる場合もあります（図④）。電源プラグを使って外部電源で充電し、一定距離はEVとして走れます。充電が必要な状況になるとエンジンが始動し、その後はシリーズ・パラレル方式となります。

※ 回生ブレーキ：クルマが走るエネルギーを電力エネルギーに変換して回収し、バッテリーに蓄え、モーターの動力として再利用するシステム

第9章 ガソリン以外のエンジンと新世代の動力源

ハイブリッドエンジンの種類

①シリーズ方式

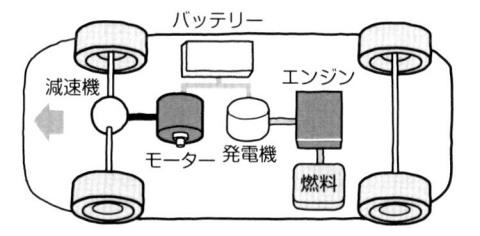

エンジンは発電用に用いるのみでEVに近い

②パラレル方式

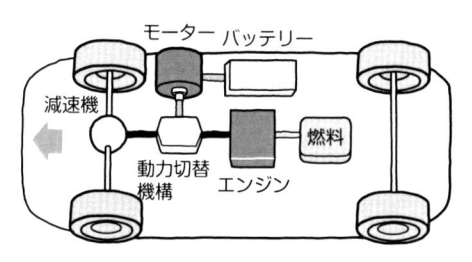

エンジンに負荷がかかる発進時や登坂時などにモーターがサポートする

③シリーズ・パラレル方式

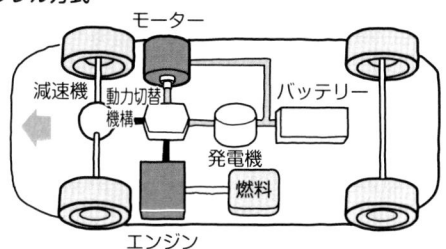

状況に応じてモーターのみ、エンジンのみ、モーター＋エンジンでの走行を使い分ける

④プラグインハイブリッド
（トヨタ方式）

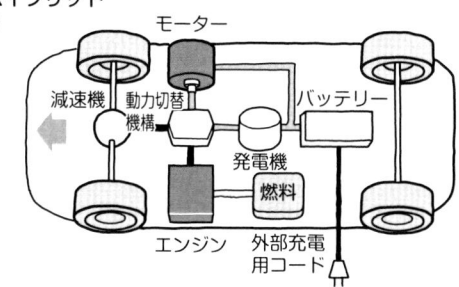

電源プラグにより外部電源で充電し、一定距離ならEVとして走行できる

POINT
◎ハイブリッドエンジンは、複数の動力を使い分ける方式
◎ハイブリッドエンジンは、組合せによって3つに分けられる
◎シリーズ・パラレル方式にはプラグインハイブリッドが存在する

1-5 EV（電気自動車：充電式、燃料電池式）

EV（電気自動車）が本格的に発売されるようになり、FCV（燃料電池車）も登場してきました。次世代の動力源として期待されるこれらのシステムはどのようなものなのですか？

じつはEV（電気自動車）は、日本でも戦後まもなく「たま電気自動車」が市販をしていましたし、その後も利用用途は限定的でしたが発売していました。ただ、それらは鉛バッテリーを使用して直流モーターを駆動するもので、どうしてもバッテリーが重く、**航続距離**もごく限られ充電も時間のかかるものでした。

■EVの問題点は今も昔もバッテリーによる航続距離

現在、EVとして自動車メーカーから発売されているものは、三相交流モーターを使用しており、積載するバッテリーはニッケル水素電池、リチウムイオン電池などで比較的航続距離も長く、短い時間で充電できるものです（上図）。バッテリーの進歩が、EVが普及しはじめたポイントとなっています。

EVがフル充電で走行できる距離は、走行条件にもよりますが、現在のところ200km程度です。いわゆる普段乗りで1日の走行距離としては十分ともいえますが、やはり少し遠出をするときなどは心もとない航続距離です。

EVがさらに普及するためには、さらに充電効率を高めたバッテリーとともに、急速充電ができるスタンドというインフラが必要になるといえます。

■FCVは水素で発電を行ないながら、モーターを駆動する

FCV（Fuel Cell Vehicle：燃料電池車）も基本は電気自動車ですが、充電をして走るのではなく、液体水素を燃料として、水素と酸素の化学反応から電気をつくりながら、モーターを駆動するのが特徴です（下図）。

発電のためのしくみが大掛かりになり、液体水素の貯蔵にも技術的なハードルがありますが、それらをクリアしてきました。

基本的に水素と酸素を反応させて、排出されるのは水ということになりますので、クルマ単体で見た場合には、エコロジーの面で非常にすぐれているといえます。

ただし、供給するための水素の生成の段階ではCO_2が排出されることになります。また、水素ステーションの普及というインフラの充実がまだまだ追いついていない状況です。

ガソリン、ディーゼルといったエンジンの進化と、普及しつつあるEVという構図は、エンジン、蒸気機関、EVが覇を競った19世紀末にも似て、面白い状況になっています。

第9章 ガソリン以外のエンジンと新世代の動力源

✿ EVの基本構造

EVの動力部分は、バッテリー、モーターの他に、普通充電時に使用する車載充電器、DC/DCコンバーター、バッテリーとモーターを制御するインバーターなどで構成されている。基本は非常にシンプルだが、航続距離を考えるとバッテリーのスペース、重量が重くなりがちといえる。

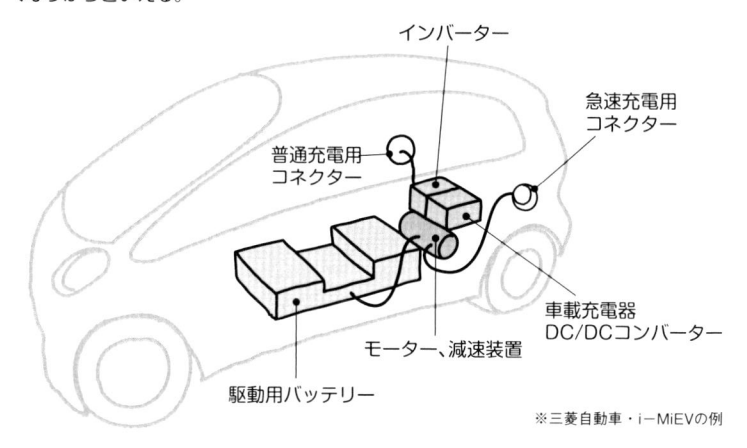

※三菱自動車・i-MiEVの例

✿ FCVの基本構造

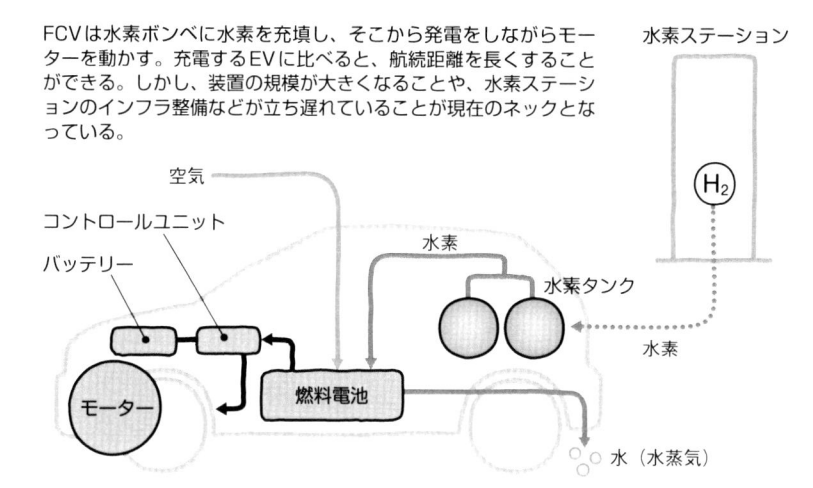

FCVは水素ボンベに水素を充填し、そこから発電をしながらモーターを動かす。充電するEVに比べると、航続距離を長くすることができる。しかし、装置の規模が大きくなることや、水素ステーションのインフラ整備などが立ち遅れていることが現在のネックとなっている。

POINT
◎ EVは充電式のバッテリーでモーターを駆動する
◎ FCVは水素を燃料として、化学反応で発電しながらモーターを回す
◎ EVはバッテリー容量、FCVは水素ステーションのインフラが今後の課題

COLUMN 9

水素を燃料とするFCVは
究極のエコカー？

　トヨタから「MIRAI」というFCV（燃料電池車）が発売されました。174頁で触れたように水素を高圧タンクの中に貯蔵し、酸素と反応させて電気を起こしながら走る自動車です。ところでFCVはよく「究極のエコカー」などといわれますが、果たしてどうでしょうか？

　現時点では少なくとも「究極の」という言葉には疑問があります。燃料となる水素は石油や天然ガス等を改質するか、水を電気分解するという方法で生成されますが、この段階でCO_2が発生します。他の方法も検討されていますが、まだ時間はかかるでしょう。

　「Well to wheel」と呼ばれる概念があります。これは燃料の生成段階から走行までを含めたCO_2の排出量を考慮したものです。この概念に沿うと、FCVは1km走るのに79g（オンサイト[※1]都市ガス改質）、ガソリン車は147g、EV（電気自動車）は55gのCO_2を排出することになるそうです。[※2]

　FCVは、ガソリン車よりかなり排出量が少ないですが、EVには劣ります。長距離を走れるEVと考えれば安心感はありますが、まだまだクリアすべきハードルがあります。

　ライバル（？）のEVのほうはバッテリー容量と充電時間が問題になっています。1回の充電で200km程度ということになると、不安な場面も出てくるでしょう。ただ、つくりがシンプルで、車重もFCVと比べれば軽くなりますから、「走る」「止まる」「曲がる」というクルマの三要素にプラスに働くことになり、クルマとしての完成度を上げます。

　日産リーフもそうですが、米国のテスラモーターズなどもEVに活路を見出すべく、積極的に高性能車を開発しています。こちらもFCV同様に目が離せません。何となくFCVのほうが難しそうな技術を使っているということもあって、メディア報道などではFCVを持ち上げる傾向があるようですが、現状ではインフラも含めて発展途上。これからが注目されます。

※1　オンサイト：水素ステーションで水素製造を行う方式
※2　データ参考＝財団法人日本自動車研究所「総合効率とGHG排出の分析報告」

索　引（五十音順）

あ行

アイドリングストップ ……… 94,120,158,164
アクセル ………………………………… 14,88
圧縮 ……………………………………… 24,80,162
圧縮行程 ………………………………… 154
圧縮比 ………………………… 40,56,68,96,154,166
圧力振動 ………………………………… 84,86
アトキンソンサイクル ………………… 154
アンチロック・ブレーキ・システム …… 12
イグナイター ………………………… 128,130
イグニッションコイル
　……………………… 118,124,126,130,132
引火点 …………………………………… 166
インジェクション ……………… 108,114,116
インジェクター
　…… 82,88,90,102,108,110,112,156,162,166,168
インタークーラー ……………………… 98
インテークマニホールド
　………………………… 82,84,86,92,112,154,162
ウインターグレード …………………… 142
ウェットサンプ ………………………… 140
ウォータージャケット ……………… 36,146
ウォーターパイプ ……………………… 148
ウォーターポンプ ……………………… 148
運動エネルギー ………………………… 144
エアクリーナー ……………………… 82,100
エアフローメーター ………… 82,88,108,110
エキゾーストパイプ …………………… 92
エキゾーストマニホールド …………… 92
エレクトロニック・コントロール・
　ユニット ………… 90,108,110,116,130,134
エンジン ………………………………… 12,14
エンジンオイル …………………… 138,140
遠心ガバナー …………………………… 134
エンジンブレーキ ……………………… 14,78

か行

オイルギャラリー ……………………… 140
オイルクーラー ………………………… 140
オイルジェット ………………………… 140
オイルストレーナー …………………… 140
オイルパン ……………………………… 140
オイルフィルター ……………………… 140
オイルポンプ …………………………… 140
オイルリング …………………………… 52
オーバーヒート ……………… 36,144,148,150
オーバーヘッドバルブ ………………… 68
オットーサイクル ……………………… 154
オフセットクランク …………………… 50
オフセットピストン …………………… 50
オルタネーター ……………… 14,118,122

か行

回生ブレーキ …………………………… 172
回転運動 ………………………………… 46
過給 ………………………………… 96,160,170
過給器 …………………………………… 162
下死点 …………………………………… 24,40,72
ガソリン ………………………………… 14,22
ガソリンエンジン ……… 22,24,56,162,166,170
可変管長インテークマニホールド ……… 86
可変気筒システム ……………………… 76
可変吸気システム ……………………… 86
可変動弁システム ……………………… 74,76
可変ノズルターボ ……………………… 170
可変バルブタイミングリフト機構 …… 74,80
カムシャフト ………… 32,34,60,64,66,68,70,76
カムの形状 ……………………………… 64
カムプロフィール ……………………… 64
カム山 ……………………… 60,64,72,74,76
カムリフト量 …………………………… 64
緩衝 ……………………………………… 138
慣性過給 ………………………………… 86

177

気筒	26
気筒休止機構	74,76
気筒数	30,42
希薄燃焼	152
気密	138
ギャップ	132
キャビティ	156
キャブレター	106,108,114,116
吸気	80,162
吸気慣性効果	84,86
吸気システム	82
吸気バルブ	32,58,62,72,84,154
吸気ポート	146
吸入	24
吸排気損失	14,78,152,156,166
吸排気バルブ	34,58,60,66,68,70
吸排気ポート	34,38
均質燃焼	152,156,162
空気	14,22
空気燃料費	104
空燃比	104,108,110
駆動方式	16,20
クランクケース	32
クランクシャフト	14,32,44,46,48,50,54,66,120,122,138
軽油	22,166
航続距離	172,174
行程容積	40
交流発電機	14,118,122,172
コールドタイプ	132
コモンレール	168
コモンレール方式	168
混合気	14,22,24,56,72,82,84,88,96,106,132,162
コンタクトポイント	126,128
コンプレッサー	96
コンプレッションリング	52
コンロッド	32,46,48,50,138

さ 行

サーモスタット	146
最大出力空燃比	104,106,114
サイドスラスト	48,50
サイドバルブ	68
サスペンション	12
作動角	64
サマーグレード	142
三元触媒	94,104,152
シーリング	138
ジェネレーター	172
磁界	126
シグナルジェネレーター	128
シグナルローター	128,130
仕事	18
仕事率	18
自己誘導作用	126
始動装置	118
充電装置	118
出力	18
潤滑	138
上下運動	46
上死点	24,38,72
小端部	46
ショートストローク	44
触媒コンバーター	92
シリーズ・パラレル方式	172
シリーズ方式	172
シリンダー	22,24,42,50
シリンダー配列	26
シリンダーブロック	32,34,36,52,146
シリンダーヘッド	32,34,36,38,68,70,146
シリンダー容積	40
シリンダーライナー	36
進角	134
シングルオーバーヘッドカムシャフト	68
シングルグレード	142
シングルポイントインジェクション	112

索 引

水平対向エンジン ································ 26
スーパーチャージャー ················· 96,160
スクエア ·· 44
スターターモーター ·········· 94,118,120,158
ステアリング機構 ···································· 12
ストローク ·· 42,44
スパークプラグ ······· 14,22,24,40,56,70,88,110,
　　　　　118,124,126,130,132,134,136,156,162,166
スモールエンド ······································ 46
スロットル ·· 162
スロットルバイワイヤー ······················· 90
スロットルバルブ ············ 78,82,88,108,170
スロットルポジションセンサー ············ 90
スワール流 ·· 152
制御バルブ ·· 86
成層燃焼 ······························ 152,156,162
整流器 ·· 118,122
セミトラ式 ·· 128
セミトランジスタ式 ··························· 128
センサー ·· 110
洗浄 ·· 138
相互誘導作用 ······································ 126
総排気量 ·· 42
増幅 ·· 128
側方電極 ······································ 132,136

た 行

タービン ·· 96
ターボ ·································· 96,136,170
ターボエンジン ····································· 40
ターボチャージャー ······················· 80,160
ターボラグ ·· 98
大端部 ·· 46
タイミングギヤ ······································ 66
タイミングチェーン ······························· 66
タイミングベルト ·································· 66
ダイレクトイグニッション ······ 128,130,134
ダウンサイジング ························ 162,164
ダウンサイジングコンセプト ············· 160
多気筒エンジン ······································ 30

多気筒化 ·· 30
縦置き ·· 16
ダブルオーバーヘッドカムシャフト ······ 70
単気筒 ·· 30
タンブル流 ·· 152
着火点 ·· 166
中心電極 ·· 132
直噴 ·· 160
直列エンジン ······························ 26,28,30
直列3気筒 ·· 26,28,
直列4気筒 ·· 26,28
直列6気筒 ·· 26,28
ツインチャージャー ···························· 160
ディーゼルエンジン ············ 22,24,56,166,170
ディーゼルターボ ································ 170
ディストリビューター
　　　　　　　　　　······ 110,118,124,130,134
ディファレンシャル ························ 12,16
点火 ··· 80,162
点火時期 ····································· 110,134
点火システム ······································ 162
点火装置 ·· 118
電気自動車 ··································· 172,174
電子制御式インジェクション ············· 110
電子制御スロットル ······················ 90,104
電子制御燃料噴射装置 ············ 90,104,106
電磁誘導 ·· 126
電動ファン ··································· 144,148
搭載スペース ·· 26
同時点火方式 ······································ 130
等速ジョイント ····································· 16
筒内直接噴射方式 ······························· 156
筒内直噴 ································· 56,156,162
独立点火方式 ······································ 130
止まる ··· 12,14
ドライサンプ ······································ 140
ドライブシャフト ·································· 12
ドライブトレーン ·································· 12
トラクションコントロール ···················· 90
トランスミッション ······························ 12

179

トルク	18

な行

ニードルバルブ	112
尿素SCR	168
熱価	132
燃焼	24,38
燃焼圧力	14,56,66,78,88,96,104,152
燃焼ガス	24,72,78,132,138
燃焼行程	124
燃焼室	34,38,62,66,68,72,162,170
燃焼室の形状	70
燃焼室の容積	40
粘度指数	142
燃費	76,152,166,172
燃料装置	118
燃料電池車	174,176
燃料噴射装置	108
ノッキング	40,56,96,156,170

は行

排ガス規制	156
ハイカム	64
排気	24
排気ガス	92,94,166,168,170
排気干渉	92
排気バルブ	32,58,62,72
排気ポート	92,146
排気量	42
ハイテンションコード	126,130
ハイブリッドエンジン	172
ハイブリッド車	172
走る	12
バッテリー	118,122,158
発電	122
パラレル方式	172
バランスウェイト	54
馬力	18
バルブオーバーラップ	72,74
バルブ駆動方式	68,70

バルブ径	44,62
バルブサージング	60
バルブシート	34,58
バルブステム	58
バルブスプリング	34,60
バルブタイミング	72,76,154
バルブ挟み角	38
バルブフェース	58
バルブリセス	48
冷え型	132
ピエゾ式インジェクター	156,162,168
ピストン	14,22,24,32,42,46,48,50,72,118,120,138
ピストンクラウン	48
ピストンシリンダー	36
ピストンスカート	48,50
ピストンヘッド	38
ピストンリング	52,138,162
ピックアップコイル	128,130
ビッグエンド	46
ピニオンギヤ	120
火花ギャップ	132
負圧	106,108
プーリー	122
プッシュロッド	68
フットブレーキ	14
不等ピッチバルブスプリング	60
フューエルタンク	102
フューエルデリバリーパイプ	102
フューエルポンプ	102
フライホイール	54,118,120
プラグインハイブリッド	172
プラグホール	38,62,68
フリクションロス	50,52,60,140,160,164
フルトラ式	124,128,130
フルトランジスタ式	128
ブレーキ機構	12
ブレーキペダル	158
プレッシャーレギュレーター	102
フロート室	106

索 引

プロペラシャフト	12,16
噴射ノズル	22
ベースタイミング	134
ヘッドガスケット	33,34,36
変圧器	126
ベンチュリー効果	106
ペントルーフ型	38
ボア	42,44
ポイント式	124,126,128,134
防錆	138
膨張圧力	88
膨張行程	154
膨張比	154
ポート噴射	156
ホットタイプ	132
ポンピングロス	14,76,78,152,156,166

ま 行

曲がる	12
摩擦	138
摩擦損失	144
摩擦による損失	50,52,60,140,160,164
マフラー	92,100
マルチグレード	142
マルチポイントインジェクション	112
脈動効果	84,86
ミラーサイクル	154
ミラーサイクルエンジン	162
メインジェット	106

や 行

焼け型	132
横置き	16

ら 行

ラジエター	144,146,148
ラジエターキャップ	148
ラジエターコア	144,148
リーン	105,114,152
リーンバーン	152

リーンバーンエンジン	152,156
リッチ	105,114,152
理論空燃比	90,94,104,114,152,162
リングギヤ	54
冷却	138
冷却水	36,144,146
冷却ファン	144
レクチュファイヤー	118,122
レシプロエンジン	22,26
ローター	22
ロータリーエンジン	22
ロッカーアーム	34,74,80
ロングストローク	44

数字・欧字

1次コイル	126
2次コイル	126
2バルブエンジン	62
4サイクルエンジン	24,32,66
4バルブエンジン	62
4バルブ化	70
4WD	16,80
ABS	12
A/F	104
API	142
CO	94
CO_2	94,166,176
DOHC	70,80
DPF	168
ECU	90,108,110,116,130,134
EGR	56,94
EV	172,174,176
FCV	174,176
FF	16
FR	16,20
HC	94,166
ICレギュレーター	122
ILSAC	142
i-stop	158
kg·m	18

181

kW	18	SAE	142
MIVEC	74	SOHC	70
MPI	112	SOHCエンジン	68
MR	16,20	SPI	112
NA(自然吸気)エンジン	40	SVエンジン	68
N・m	18	S/V比	38
NOx	56,94,166,168,170	TSI	160
OHC	70,80	V型エンジン	26,28,30
OHVエンジン	68	V型6気筒	26
PM	56,166,168,170	VTEC	74,80
PS	18	VVTi	76
RR	16,20		

参考文献

◎エンジンはこうなっている　さわたり・しょうじ絵／GP企画センター編　グランプリ出版　1994年
◎図解雑学 自動車のしくみ　水木新平監修　ナツメ社　2002年
◎クルマのメカ＆仕組み図鑑　細川武志著　グランプリ出版　2003年
◎クルマはどう変わっていくのか GP企画センター編　グランプリ出版　2005年
◎パワーユニットの現在・未来　熊野学著　グランプリ出版　2006年
◎自動車メカ入門—エンジン編　GP企画センター編　グランプリ出版　2006年
◎燃料電池車・電気自動車の可能性　飯塚昭三著　グランプリ出版　2006年
◎最新！自動車エンジン技術がわかる本　畑村耕一著　ナツメ社　2009年
◎ガソリンエンジンの高効率化　飯塚昭三著　グランプリ出版　2012年
◎自動車のしくみ パーフェクト事典　古川修監修　ナツメ社　2013年
◎きちんと知りたい！自動車メカニズムの基礎知識　橋田卓也著　日刊工業新聞社　2013年
◎ハイブリッド車の技術とその仕組み　飯塚昭三著　グランプリ出版　2014年

―――― 著者紹介 ――――

飯嶋　洋治（いいじま　ようじ）

1965年東京生まれ。学生時代より参加型モータースポーツ誌『スピードマインド』の編集に携わる。同誌編集部員から編集長を経て、2000年よりフリーランス・ライターとして活動を開始。カーメンテナンス、チューニング、ドライビングテクニックの解説などを中心に自動車雑誌、ウェブサイトで執筆を行っている。RJC（日本自動車研究者ジャーナリスト会議）会員。

◎著書：『モータースポーツ入門』『ランサーエボリューションⅠ〜Ⅹ』『モータリゼーションと自動車雑誌の研究』『モータースポーツのためのチューニング入門』（以上グランプリ出版）、『スバル サンバー』（三樹書房）ほか。

きちんと知りたい！
自動車エンジンの基礎知識　　　　　　　NDC 537

2015年10月16日　初版1刷発行
2025年6月27日　初版12刷発行

（定価は、カバーに表示してあります）

　　　　　Ⓒ著　者　飯　嶋　洋　治
　　　　　　発行者　井　水　治　博
　　　　　　発行所　日刊工業新聞社
　　　　　　　　　東京都中央区日本橋小網町14-1
　　　　　　　　　　　（郵便番号　103-8548）
　　　　　　電　話　書籍編集部　03-5644-7490
　　　　　　　　　　販売・管理部　03-5644-7403
　　　　　　　　　　ＦＡＸ　　　　03-5644-7400
　　　　　　振替口座　00190-2-186076
　　　　　　URL　　　https://pub.nikkan.co.jp/
　　　　　　e-mail　　info_shuppan @ nikkan.tech
　　　　　　印刷・製本　美研プリンティング(2)

落丁・乱丁本はお取り替えいたします。　　2015 Printed in Japan
ISBN978-4-526-07468-4　C3053
本書の無断複写は、著作権法上での例外を除き、禁じられています。

参考文献

◎エンジンはこうなっている　さわたり・しょうじ絵／GP企画センター編　グランプリ出版　1994年
◎図解雑学 自動車のしくみ　水木新平監修　ナツメ社　2002年
◎クルマのメカ＆仕組み図鑑　細川武志著　グランプリ出版　2003年
◎クルマはどう変わっていくのか GP企画センター編　グランプリ出版　2005年
◎パワーユニットの現在・未来　熊野学著　グランプリ出版　2006年
◎自動車メカ入門―エンジン編　GP企画センター編　グランプリ出版　2006年
◎燃料電池車・電気自動車の可能性　飯塚昭三著　グランプリ出版　2006年
◎最新！自動車エンジン技術がわかる本　畑村耕一著　ナツメ社　2009年
◎ガソリンエンジンの高効率化　飯塚昭三著　グランプリ出版　2012年
◎自動車のしくみ パーフェクト事典　古川修監修　ナツメ社　2013年
◎きちんと知りたい！自動車メカニズムの基礎知識　橋田卓也著　日刊工業新聞社　2013年
◎ハイブリッド車の技術とその仕組み　飯塚昭三著　グランプリ出版　2014年

---- 著者紹介 ----

飯嶋　洋治（いいじま　ようじ）

1965年東京生まれ。学生時代より参加型モータースポーツ誌『スピードマインド』の編集に携わる。同誌編集部員から編集長を経て、2000年よりフリーランス・ライターとして活動を開始。カーメンテナンス、チューニング、ドライビングテクニックの解説などを中心に自動車雑誌、ウェブサイトで執筆を行っている。RJC（日本自動車研究者ジャーナリスト会議）会員。

◎著書：『モータースポーツ入門』『ランサーエボリューションⅠ～Ⅹ』『モータリゼーションと自動車雑誌の研究』『モータースポーツのためのチューニング入門』（以上グランプリ出版）、『スバル サンバー』（三樹書房）ほか。

きちんと知りたい！
自動車エンジンの基礎知識　　　　　　　　NDC 537

2015年10月16日　初版1刷発行
2025年6月27日　初版12刷発行

（定価は、カバーに表示してあります）

　　　　　©著　者　　飯　嶋　洋　治
　　　　　　発行者　　井　水　治　博
　　　　　　発行所　　日刊工業新聞社
　　　　　　　　　東京都中央区日本橋小網町14-1
　　　　　　　　　　（郵便番号　103-8548）
　　　　　電　話　書籍編集部　03-5644-7490
　　　　　　　　　販売・管理部　03-5644-7403
　　　　　　　　　　　FAX　　　03-5644-7400
　　　　　振替口座　　00190-2-186076
　　　　　URL　　　　https://pub.nikkan.co.jp/
　　　　　e-mail　　 info_shuppan @ nikkan.tech
　　　　　印刷・製本　美研プリンティング(2)

落丁・乱丁本はお取り替えいたします。　　2015 Printed in Japan
　　　ISBN978-4-526-07468-4　C3053
本書の無断複写は、著作権法上での例外を除き、禁じられています。